ESPACE

Texte et iconographie : Laure Salès, Milène Wendling et Anne Willemez
Contribution scientifique : Serge Gracieux
Conception graphique de la collection : Killiwatch

Direction : Guillaume Arnaud, Guillaume Pô
Direction éditoriale : Emmanuelle Braine Bonnaire
Édition : Elodie Lépine et Danielle Védrinelle
Direction artistique : Armelle Riva
Direction de fabrication : Thierry Dubus
Fabrication : Florence Bellot

Dépôt légal : juin 2018
57 rue Gaston Tessier
75166 Paris cedex 19

Édition brochée : J18283-04
ISBN : 9782215138822
1re édition - MDS : 590875N1

Achevé d'imprimer en novembre 2018 par Edelvives en Espagne
sur du papier issu de forêts gérées de façon responsable.
Loi n° 49-956 du 16 juillet 1949 sur les publications destinées à la jeunesse.

Certifié PEFC
Ce produit est issu de forêts gérées durablement et de sources contrôlées
PEFC/14-38-00260
www.pefc-france.org

ENCYCLOPÉDIE JUNIOR

ESPACE

FLEURUS
www.fleuruseditions.com

Sommaire

Les pieds sur Terre

Observer l'univers

Quitter la Terre

Vivre dans l'espace

Exploration du système solaire

Où finit le ciel ?

L'astérisque (*) signale les mots expliqués dans le lexique à leur première apparition sur une double page.

Les pieds sur Terre

... et les yeux dans le ciel !
Suivre la course apparente du Soleil et les caprices de la Lune, guetter les étoiles filantes, repérer le tracé des constellations...
Le ciel offre un spectacle permanent, de jour comme de nuit, aux terriens que nous sommes.
Astronome amateur, scientifique passionné ou simple observateur un peu curieux, chacun peut y trouver sa bonne étoile !

Où commence le ciel ?

Dans la vie courante, nous nommons “ciel” ce que nous voyons au-dessus de nous. Les jours de brouillard, on dit que le ciel est bas… Mais où commence-t-il vraiment : au ras du sol, par-dessus nos têtes, au-delà des étoiles ? Météorologues, astronautes, astronomes… le ciel est-il le même pour tous ?

L'air du sol et du sous-sol
Bien qu'on ne puisse pas parler dans ce cas de “ciel”, les **grottes souterraines** (1) contiennent de l'air qui permet aux organismes souterrains et aux spéléologues de respirer. En marchant, tes pieds foulent un sol qui est lui-même aéré.

Le ciel des météorologues
La couche d'air dans laquelle nous vivons est épaisse d'environ 10 km ; elle renferme les trois quarts de la masse de l'enveloppe gazeuse de notre planète. On y trouve tous les êtres vivants. Elle détermine les phénomènes météorologiques (vents, nuages, précipitations).
Composés de gouttelettes de vapeur d'eau et de cristaux de glaces en suspension dans l'air, les **nuages** (2) s'élèvent jusqu'à une altitude de 10 km. En cas de **brouillard** (3), ils descendent au ras du sol.

Le ciel des aviateurs
Le domaine de l'aéronautique, la science des objets volants (**avions** (4), hélicoptères...) s'étend de la surface du sol à l'altitude de 25 km. Ces objets volent grâce à l'air soit en prenant appui sur lui, soit en se faisant aspirer par lui.
Les plus élevés des **ballons-sondes** (5) *(voir p. 91)* peuvent même atteindre l'altitude de 45 km.

Le ciel des astronautes
Navettes (6) et stations spatiales évoluent au-delà de 250 km d'altitude, mais les hommes qui sont allés le plus loin en utilisant des véhicules spatiaux ont atterri sur la **Lune** (7), à près de 400 000 km de la Terre !
Les **satellites** (8) gravitent autour de notre planète au-delà de 200 km d'altitude. Plus bas, le frottement de l'air les ralentirait et il faudrait constamment réajuster leur trajectoire.

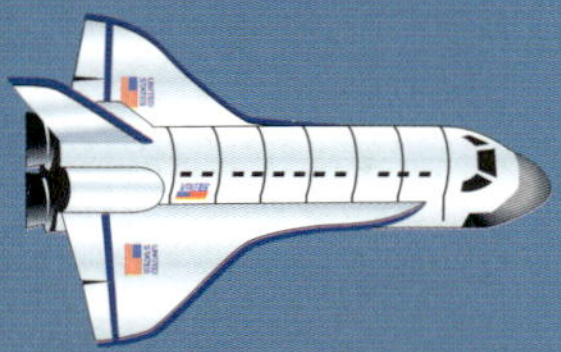

Quant aux sondes d'exploration envoyées à la découverte des autres planètes, certaines sont maintenant sorties du système solaire et poursuivent leur route vers l'inconnu.

Le ciel des astronomes
À partir de la Lune commence le ciel des astronomes, observateurs des planètes, étoiles et autres objets célestes. **Proxima du Centaure** (9), l'étoile la plus “proche” de notre système solaire, se trouve à 4 années-lumière, soit 38 000 milliards de km.
On pense que les galaxies les plus lointaines se situeraient entre 13 et 15 milliards d'années-lumière.

L'année-lumière
Attention ! Ce n'est pas une unité de temps, mais une unité de distance : elle correspond à la distance parcourue par la lumière en une année, soit 9 500 milliards de km.

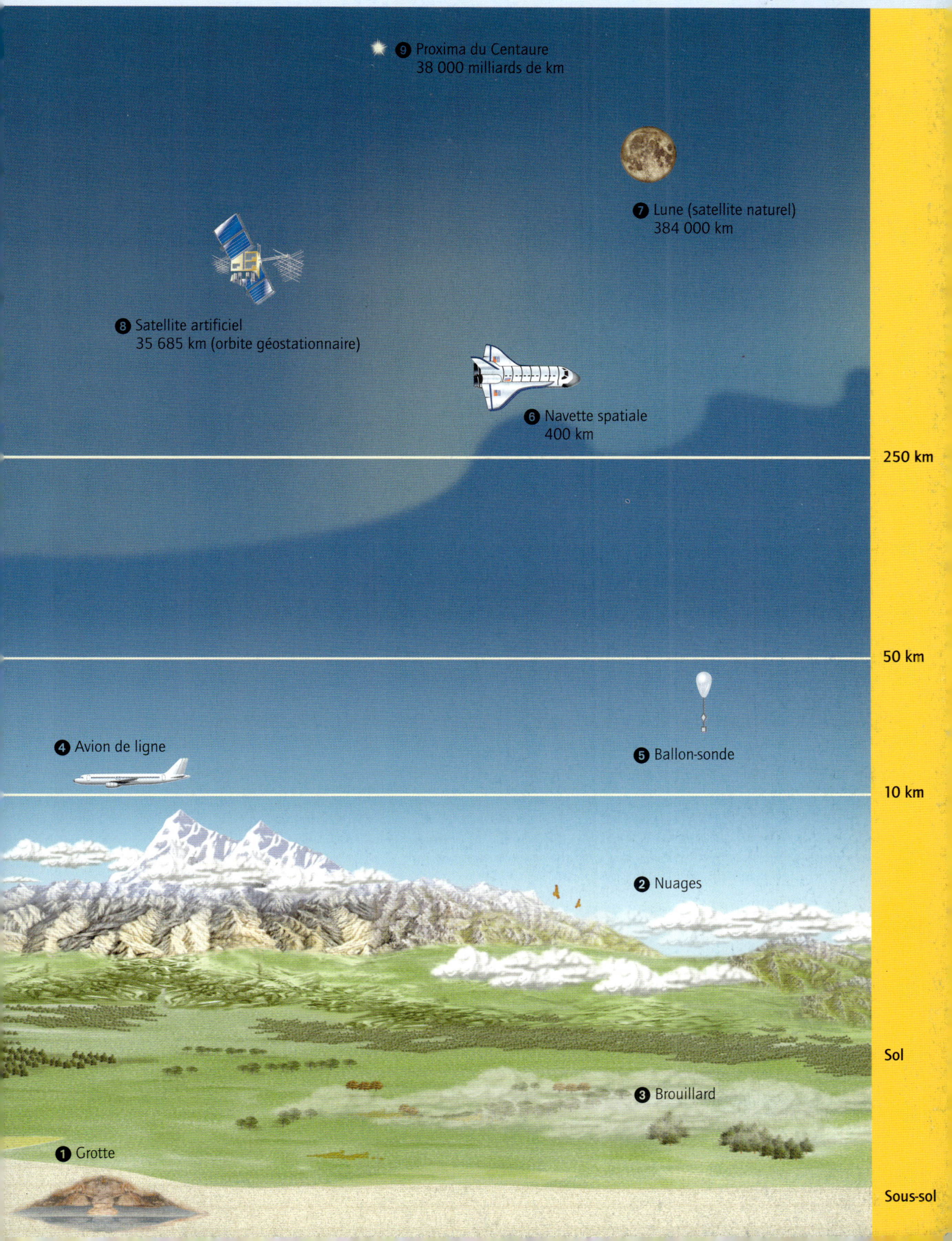
9 Proxima du Centaure
38 000 milliards de km
7 Lune (satellite naturel)
384 000 km
8 Satellite artificiel
35 685 km (orbite géostationnaire)
6 Navette spatiale
400 km
250 km
50 km
4 Avion de ligne
5 Ballon-sonde
10 km
2 Nuages
Sol
3 Brouillard
1 Grotte
Sous-sol

Les couleurs du ciel

Bleu les beaux jours, rouge le soir et noir la nuit, traversé par un arc-en-ciel pendant un orage… comment le ciel parvient-il ainsi à changer de couleur ?

Un filtre autour de la Terre

L'atmosphère, cette couche gazeuse plus ou moins dense enveloppant la Terre, nous protège des rayonnements agressifs qui pourraient venir de l'espace, ainsi que des objets susceptibles de nous tomber sur la tête. Elle laisse cependant passer certains rayons du Soleil, sans lesquels il n'y aurait pas de vie sur Terre, et elle en renvoie une partie dans l'espace. La lumière blanche du Soleil est donc séparée en différents rayonnements *(voir p. 170-171)*.

La somme des lumières

Si l'on prend des ampoules de toutes les couleurs de l'arc-en-ciel et qu'on mélange leur lumière, on obtient de la lumière blanche. Si l'on éteint une ampoule bleue, le mélange de lumière ne sera plus blanc, mais plutôt jaune. On a en quelque sorte enlevé du bleu à de la lumière blanche. Si l'on éteint toutes les ampoules bleues, le résultat de notre soustraction devient… rouge ! Inversement, si l'on éteint les ampoules rouges et jaunes, le résultat sera une lumière bleue. Le Soleil, en nous envoyant sa lumière blanche, fonctionne comme une grosse ampoule de toutes les couleurs.

L'arc-en-ciel

Quand il vient de pleuvoir, l'air est très humide. Il contient des gouttelettes d'eau en suspension. En traversant l'atmosphère, les rayons du Soleil sont déviés par ces gouttelettes qui séparent tous les rayonnements. Chaque couleur repart dans une direction différente ; un arc-en-ciel peut alors se former, avec sa succession de sept teintes – violet, indigo, bleu, vert, jaune, orangé et rouge – qui prouve que la lumière du Soleil est un mélange de rayonnements colorés.

Les couleurs du temps

Les molécules d'air composant l'atmosphère reçoivent les rayons du Soleil. Elles fonctionnent comme des relais et séparent les rayonnements selon leur couleur, en les renvoyant dans des directions légèrement différentes. Le ciel est donc enrichi en bleu, tandis que la lumière directe du Soleil, appauvrie en bleu, apparaît donc jaune.

Le soir venu, ou tôt le matin, le Soleil est bas sur l'horizon. Ses rayons nous parviennent de manière oblique et traversent une grande épaisseur d'atmosphère. Pendant ce long trajet à travers la couche gazeuse, ils rencontrent beaucoup de molécules d'air qui dévient le rayonnement bleu et ne permettent qu'au rouge et à l'orangé d'arriver jusqu'à nous.

La nuit noire

L'atmosphère laisse passer la lumière visible émise par les étoiles, et nous permet ainsi d'entrevoir les grands espaces qui nous entourent. Entre ces points brillants que forment les étoiles, la nuit est noire, car ces zones ne contiennent pas de lumière.

La couleur de l'eau

Souvent, la surface d'un lac ou de la mer paraît bleue. Si l'on prélève un peu de cette eau dans un verre transparent, la couleur disparaît et l'on s'aperçoit que l'eau est en réalité incolore. Les grandes surfaces d'eau reflètent simplement la couleur du ciel : le bleu de la mer n'est autre que le bleu du ciel !

Quelle heure est-il, madame la Terre ?

Tout au long de la journée, le Soleil semble poursuivre sa course dans le ciel, d'est en ouest en passant par le sud, tandis que les ombres le fuient en tournant dans le sens opposé. En prenant du recul, on s'aperçoit que les choses sont bien différentes en réalité.

Imagine que tu t'éloignes suffisamment de la Terre et du Soleil pour les observer tous les deux à la fois. Tu t'apercevrais alors que le Soleil ne se déplace pratiquement pas au cours de la journée, mais que la Terre, en revanche, tourne sur elle-même autour d'un axe de rotation*, une ligne imaginaire qui la traverse d'un pôle à l'autre. Elle effectue un tour complet en une journée de 24 heures, ou plus exactement de 23 heures et 56 minutes. C'est cette rotation qui place chaque point de la surface terrestre alternativement face au Soleil puis dans l'ombre de la nuit !

Mesurer l'heure au Soleil

Dès l'Antiquité, les hommes se sont rendus compte qu'il était possible de mesurer l'écoulement du temps en suivant le déplacement de l'ombre d'un axe sur une pierre correctement graduée. À ton tour, fabrique un gnomon (l'ancêtre du cadran solaire) en plantant bien droit un bâton dans le sol, et en marquant heure après heure la position de son ombre. Le point le plus proche du bâton correspond au moment où le Soleil était au plus haut dans le ciel : le midi solaire.

Bonjour ! C'est l'aube à Chicago.
La ville s'éveille. Le Soleil se lève derrière l'horizon est, les ombres sont très allongées en direction de l'ouest et il ne fait pas très chaud.

De nuit, en Alaska,
si tu observes le ciel en prenant des repères dans le paysage, tu peux voir les étoiles se déplacer au-dessus d'eux, puisque la Terre continue à tourner sous le ciel étoilé. Si l'on prend une photo avec un long temps de pose, on fixe la trace de la course des étoiles. Celles-ci nous apparaissent comme des courbes lumineuses "tournant" autour de l'étoile Polaire qui, elle, ne bouge pas, puisqu'elle est alignée avec l'axe de rotation de la Terre.

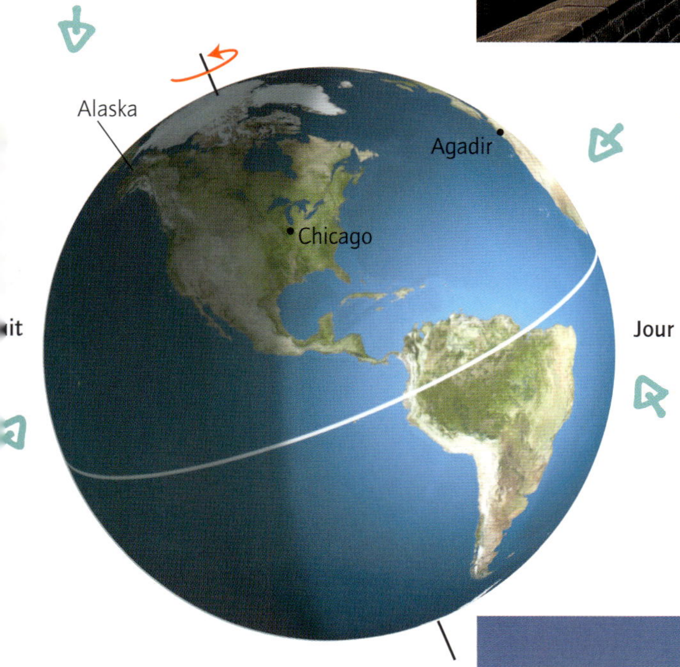

Bonsoir... Le Soleil se couche sur la muraille de Chine,
derrière l'horizon ouest ; les ombres sont très allongées en direction de l'est et l'air se rafraîchit.

Il est midi sur cette plage d'Agadir.
Le Soleil est très haut dans le ciel ; on dit qu'il est à son zénith. Ses rayons frappent fort ; les ombres des parasols sont toutes petites et il n'est pas facile de se mettre à l'abri !

À un même instant T (un jour de janvier, par exemple), une partie de la planète dort encore tandis que le Soleil éclaire l'autre moitié du globe. La rotation de la Terre inversera au fil des heures cette répartition jour/nuit.

Année et saisons, voyage autour du Soleil

Pourquoi la course apparente du Soleil le mène-t-elle plus haut dans le ciel d'été que dans le ciel d'hiver ? Comment expliquer que les habitants de l'hémisphère Sud fêtent Noël… en tenue légère ?

Un léger penchant

Pour obtenir des saisons sur une planète, il faut impérativement rassembler deux conditions. D'une part, la planète doit accomplir un tour complet autour de l'étoile qui la réchauffe, sur une trajectoire appelée "orbite de révolution*". On nomme "période de révolution" ou "année" le temps que met la planète à parcourir son orbite ; sur Terre, l'année dure 365,24 jours. D'autre part, l'axe de rotation* de la planète sur elle-même (*voir p. 12-13*) doit être légèrement incliné, et cette inclinaison doit rester constante tout au long de la trajectoire ; ainsi, les différentes zones de la planète seront plus ou moins basculées vers le Soleil au cours de l'année.

Observation astronomique… diurne

Tu peux débuter tes observations astronomiques par une activité simple : relève une fois par semaine l'heure et le point du paysage où tu vois se lever et se coucher le Soleil. Compare avec les directions de l'est et de l'ouest indiquées par une boussole, et note les variations selon la saison. Tu constateras que le Soleil se lève exactement à l'est à deux dates précises dans l'année… Devineras-tu lesquelles ?

Un été en Espagne.

Solstice d'été (21 ou 22 juin)
L'hémisphère Nord est incliné vers le Soleil. Au pôle Nord, c'est le Soleil de minuit. Le rayonnement solaire frappe l'Europe, l'Asie et l'Amérique du Nord de plein fouet. L'astre du jour monte très haut dans le ciel de midi ; c'est le jour le plus long de l'année et il fait chaud ! Le pôle Sud, lui, plonge dans la nuit polaire pour six mois.

Juin-juillet au Kenya.

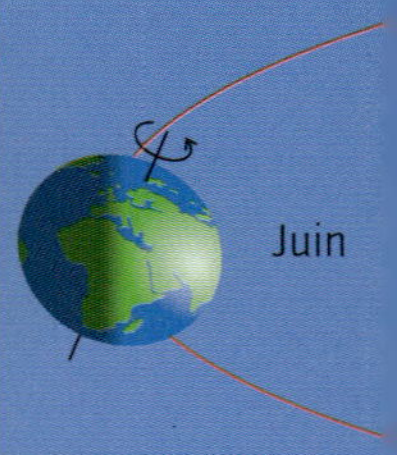

Mars en Afrique du Sud.

Des saisons martiennes

L'axe de rotation de Mars, comme celui de la Terre, n'est pas perpendiculaire au plan de son orbite. La planète rouge connaît donc, elle aussi, des saisons. On a pu observer une fonte importante de la calotte polaire* pour laquelle c'est l'été !

Équinoxe de printemps
(20 ou 21 mars)
Comme lors de l'équinoxe d'automne, le Soleil n'est ni très haut ni très bas sur l'horizon.

Noël en Alsace.

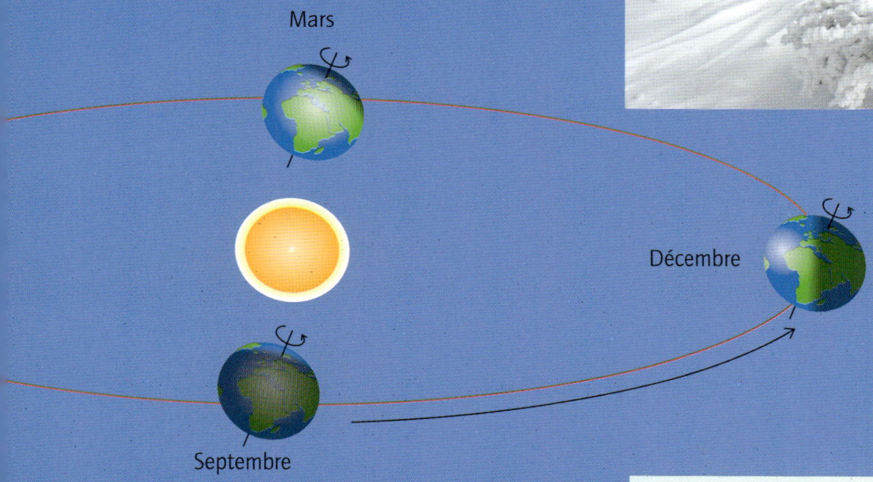

Solstice d'hiver
(21 ou 22 décembre)
Dans l'hémisphère Nord, le Soleil est bas sur l'horizon et ses rayons atteignent le sol de manière rasante, en réchauffant peu l'atmosphère. C'est le jour le plus court de l'année.
Dans l'hémisphère Sud, incliné à son tour vers le Soleil, c'est l'inverse : la chaleur arrive.

Équinoxe d'automne
(22 ou 23 septembre)
Comme lors de l'équinoxe de printemps, jour et nuit sont égaux sur toute la Terre et la température est moyenne.

Un automne au Royaume-Uni.

Noël au Brésil.

Passagers de la nuit

Il suffit que tu te penches à ta fenêtre par une nuit bien dégagée pour t'interroger sur cette féerie nocturne : quels sont ces points lumineux qui brillent ou scintillent dans le ciel ? Et si tu t'installais dehors pour entamer un grand voyage au pays des astres ?

Un équipement adapté

Tout d'abord, pense à bien te couvrir : plus les nuits sont claires, plus elles risquent d'être fraîches. Ensuite, songe à ton confort ; ce serait dommage d'avoir envie de rentrer parce que tu es mal installé ! Tu peux t'allonger sur une couverture, ou mieux encore sur une chaise longue. Si celle-ci possède des accoudoirs, cale tes bras dessus lorsque tu utilises des jumelles. Bien sûr, cartes du ciel (*voir p. 32-35*) et boussole sont nécessaires pour se repérer. Pour les lire sans t'éblouir, utilise une lampe de poche recouverte d'un filtre rouge (tissu ou papier fixé avec un élastique). Un carnet et un crayon te permettront de noter tes observations.

Un peu de méthode

Prendre des repères dans le paysage terrestre, noter ses remarques dans un carnet, faire des croquis, rester patient... et recommencer aussi souvent que nécessaire pour identifier les changements du paysage céleste dans le temps ! Ces quelques recommandations feront de toi un observateur du ciel chevronné.

Le bon moment

Choisis un jour et un endroit où l'horizon est bien dégagé, et où il y a le moins possible de lumières parasites. Fenêtres éclairées, phares de voitures ou éclairages publics risquent de perturber tes observations. L'idéal, pour éviter les lueurs persistantes et minimiser les poussières en suspension dans l'air, c'est un ciel d'hiver en montagne, mais l'essentiel est déjà de commencer à observer !
Une éphéméride* ou un simple calendrier te permettront de déterminer une date en fonction des phases de la Lune. Si c'est elle que tu veux étudier, choisis une nuit de pleine Lune, mais sache que sa grande clarté risque d'effacer d'autres corps moins lumineux.

Attention, Objets Volants Faciles à Identifier !

Certains points lumineux dans le ciel peuvent avoir été lancés depuis la Terre par la main de l'homme. On reconnaîtra ainsi les avions à leurs lumières clignotantes ; les satellites artificiels, eux, se déplacent plus lentement et en ligne droite, en réfléchissant la lumière du Soleil grâce à leur revêtement.

Petit bestiaire des habitants de la nuit

L'astre le plus célèbre du ciel nocturne est la Lune. C'est l'objet le plus facile à repérer et à suivre selon son cycle ; un bon exercice pour débuter ta carrière d'astronome amateur ! Comme la Lune, les planètes reflètent la lumière du Soleil. Tu peux observer le diamètre apparent de ces disques minuscules, à la luminosité stable, avec des instruments simples. Tu peux aussi suivre le déplacement de ces “astres errants” en fonction de leur révolution* autour du Soleil.

Contrairement aux planètes, les étoiles, comme notre Soleil, produisent leur propre lumière, mais elles se trouvent si loin que l'on ne peut distinguer ni leur forme ni leur contour. Nous ne voyons que la lumière qu'elles émettent et qui nous semble venir d'un point de l'horizon. Cette lumière subit des perturbations en traversant notre atmosphère, qui la font scintiller. Avec un peu d'habitude, tu apprendras à identifier encore d'autres objets : les galaxies, sortes de taches laiteuses plus lumineuses en leur centre, ou les nébuleuses, vastes nuages de gaz et de poussières qui sont éclairés par des étoiles proches.

Mieux voir la nuit

Pour se rapprocher du ciel et distinguer les détails de son paysage, les hommes ont inventé de multiples objets avec lesquels tu vas devoir te familiariser. Chacun présente des avantages et des inconvénients.

Les jumelles
C'est l'instrument le plus simple d'utilisation. Composé de deux lunettes "jumelles", il permet de regarder avec les deux yeux, et ne change pas nos habitudes par rapport à l'observation à l'œil nu. De plus, il est très facile à transporter et ne nécessite pas d'installation particulière. Il faut toutefois bien caler ses bras ou poser les jumelles sur un pied métallique pour éviter de bouger lors d'observations longues. Les jumelles permettent notamment de différencier les planètes des étoiles et d'étudier le relief de la Lune.

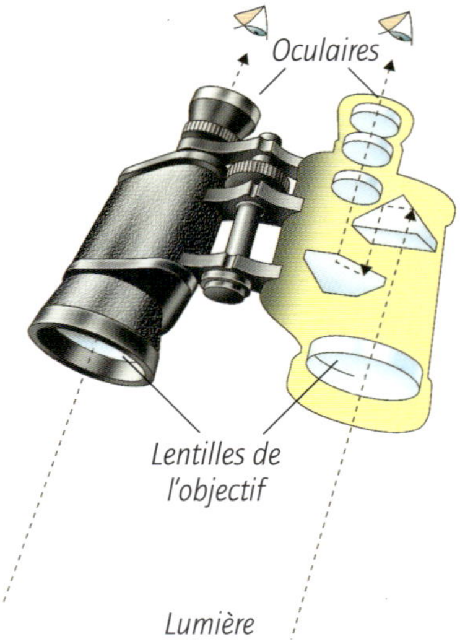

La lunette astronomique
C'est l'instrument le plus ancien (*voir encadré*). L'utilisateur se place à l'arrière d'un tube contenant deux lentilles de verre, l'objectif (à l'avant) et l'oculaire (à l'arrière), qui grossissent l'image de la zone observée. La lunette est facile à démonter et à transporter, et donne accès à plus de détails qu'une simple paire de jumelles : taille des cratères lunaires, anneaux de Saturne, nébuleuses sont alors à ta portée ! Un objectif de 60 mm est un bon choix pour débuter.

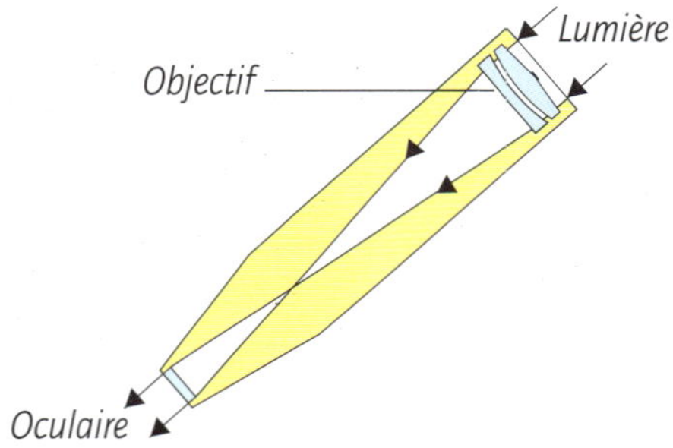

Le télescope

Miroir, dis-moi qui est la plus belle des stars... ? Dans un télescope de type Newton, un système de miroirs renvoie l'image vers un oculaire placé sur le côté du tube. L'observateur se positionne donc à l'avant et à côté de l'instrument. À prix égal, un télescope sera plus puissant qu'une lunette. Un objectif de 115 mm est idéal pour l'astronome amateur. Il te permettra d'apercevoir les cratères de la Lune, les bandes nuageuses colorées de Jupiter et les anneaux de Saturne, et de distinguer la forme de certaines galaxies.

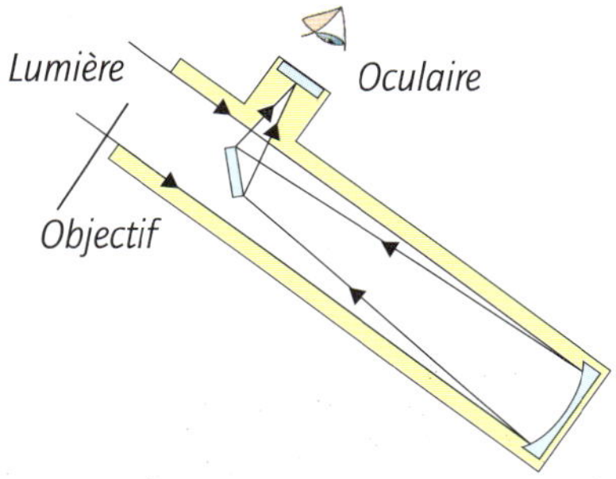

Un peu d'histoire

C'est l'astronome italien Galilée qui a construit en 1609 la première lunette, après avoir expérimenté en Hollande un procédé d'optique importé de Chine ! Grâce à cet instrument, il a décrit les "mers" lunaires et découvert les premiers satellites de Jupiter. Quelques dizaines d'années plus tard, l'Anglais Newton a mis au point le télescope.

Pour aller encore plus loin

Si tu deviens un "accro" de l'astro, et si, en progressant, tu cherches à reconnaître des objets de plus en plus complexes, rien ne t'empêche de rejoindre un club d'astronomie. La plupart proposent des soirées d'initiation et mettent à disposition de leurs adhérents du matériel plus performant que celui dont tu peux disposer chez toi. Association française d'Astronomie : www.afanet.fr

Les différents visages de la Lune

As-tu déjà remarqué que la Lune change d'aspect au fil des nuits ? C'est le phénomène astronomique le plus facilement observable à l'œil nu. Mais pourquoi a-t-on l'impression que notre satellite naturel apparaît puis disparaît progressivement ?

Les Grecs savaient déjà que la Lune, qui ne produit pas de lumière, reflète en réalité la lumière du Soleil. La Lune est donc un globe qui possède, comme la Terre, un côté jour et un côté nuit. Nous la regardons depuis le sol terrestre, mais elle n'est pas immobile : elle tourne autour de notre planète en un peu moins d'un mois. Les phases sont donc dues aux différentes façons de voir sa partie éclairée (son côté jour) au cours de son déplacement.
La Lune "croît" jusqu'à être pleine, puis elle "décroît" jusqu'à la nouvelle Lune. Le cycle lunaire s'appelle la lunaison. Il dure 29,5 jours et il est composé de quatre phases principales : nouvelle Lune, premier quartier, pleine Lune et dernier quartier. Il existe aussi des phases intermédiaires bien connues : le croissant de Lune et la Lune gibbeuse (bossue).

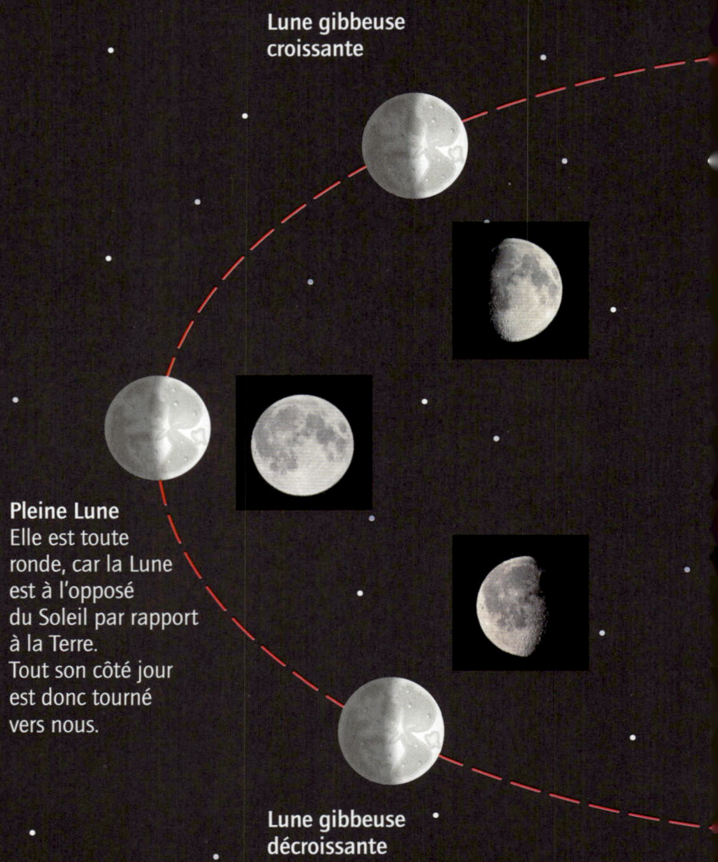

Renversant !

Pour des observateurs habitant l'hémisphère Sud, les phases de la Lune sont inversées : leur premier quartier correspond à notre dernier quartier. Fais l'expérience : marche sur les mains, regarde la Lune et tu auras l'impression d'être... en Australie !

Confusion de quartier

Pour distinguer dans le ciel le premier du dernier quartier, c'est très facile : prolonge (mentalement !) d'un simple trait la moitié de Lune éclairée : tu formeras ainsi la lettre p (comme premier) ou la lettre d (comme dernier). Et le tour est joué !

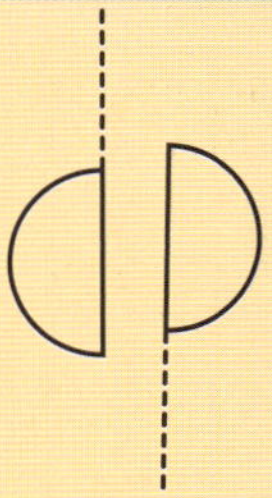

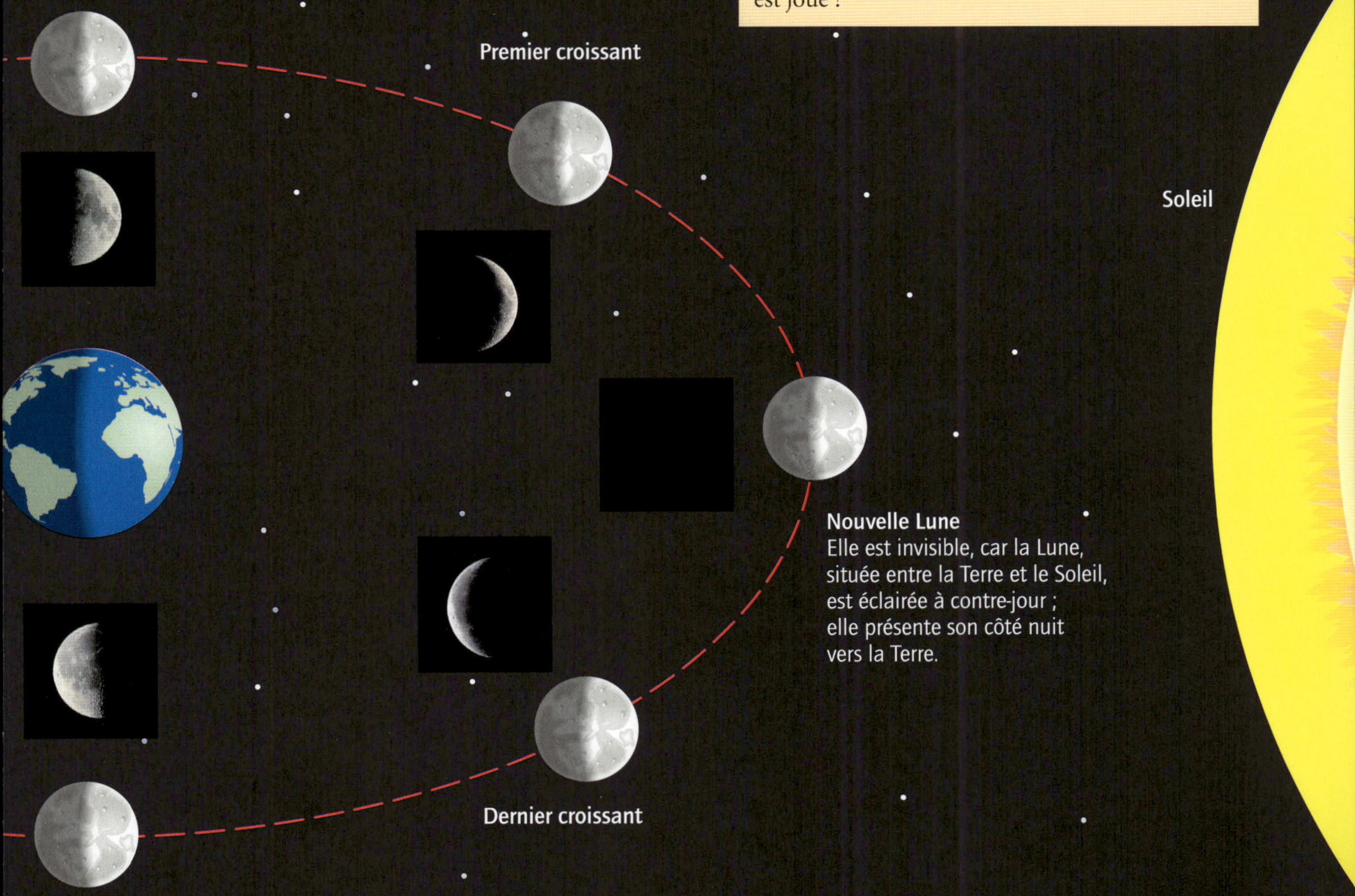

Paysages lunaires

La Lune nous apparaît comme un monde d'une grande désolation : absence d'air, d'eau liquide, de végétation, d'animaux, de couleurs, d'odeurs, de bruits… un monde sans vie. D'où vient alors cette fascination pour l'astre de la nuit, qui a inspiré tant de scientifiques et de poètes ?

La face visible
À l'œil nu, on se rend facilement compte que la surface de la Lune présente deux aspects très différents : des zones brillantes (les *highlands* ou hautes terres) et des étendues sombres (les "mers" lunaires). Avec une simple paire de jumelles ou une petite lunette (grossissant 100 fois), ton regard se posera sur d'impressionnants cratères, des montagnes vertigineuses, de profondes crevasses, des paysages sans fin...

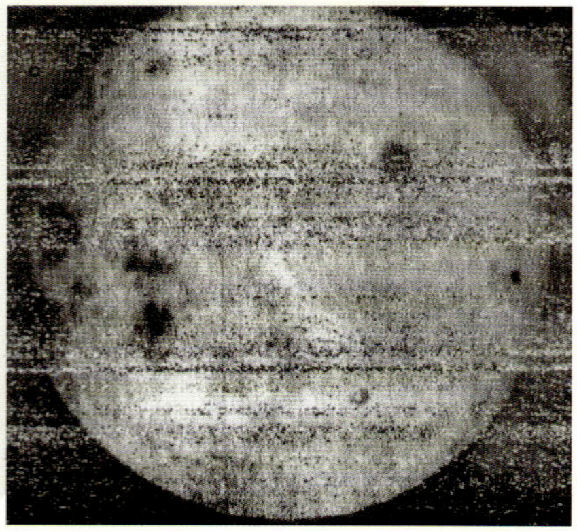

La face cachée
La Lune présente toujours la même face à observer, car elle met autant de temps à tourner sur elle-même qu'à tourner autour de la Terre ! Cela entraîne une grande stabilité pour le couple Terre-Lune. C'est seulement en 1959 que les hommes ont pu admirer sa face cachée, très cratérisée, grâce aux photographies prises par la sonde spatiale soviétique *Luna 3*. Attention : cette face cachée n'a rien à voir avec le côté nuit de la Lune *(voir p. 20)*...

Les cratères
La Lune n'ayant pas d'atmosphère, elle n'a pas de protection contre les météorites ou les astéroïdes venant de l'espace. Chaque collision provoque de grands "trous" allant de 1 à 300 km de diamètre, entourés de remparts plus ou moins importants. Il existe un programme de suivi des impacts sur la Lune.

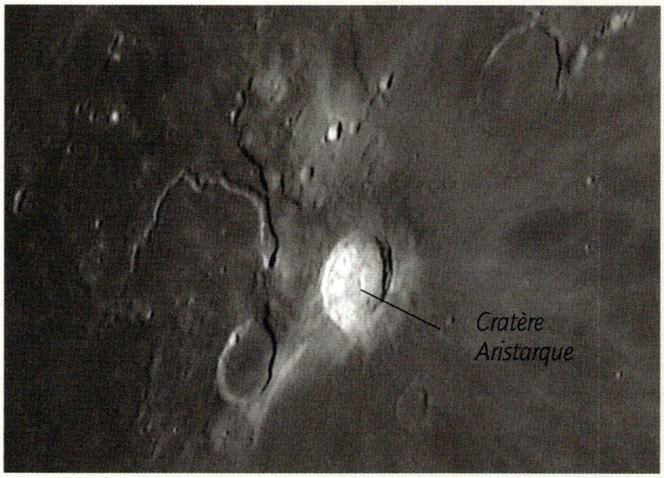

Les mers lunaires

Il s'agit de grandes étendues de lave volcanique refroidies et solidifiées, déposées dans de gigantesques cratères il y a 2,5 milliards d'années.

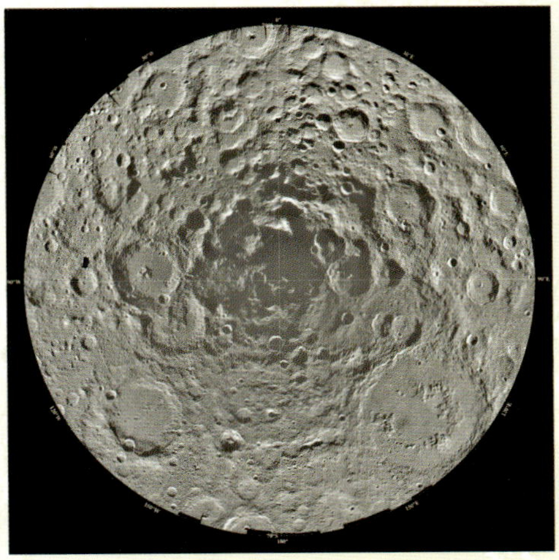

Les hautes terres

Ces plateaux au relief accidenté recouvrent les 4/5e de la surface totale de la Lune. Les hautes terres du pôle Sud (*photo*) sont particulièrement cratérisées.

Des mers à sec

C'est l'astronome Galilée qui, en 1610, observa le premier avec sa lunette les zones sombres de la Lune. Il leur trouva une drôle de ressemblance avec les mers terrestres. Quelle confusion ! Aujourd'hui, nous savons qu'il n'y a jamais eu une seule goutte d'eau liquide sur notre satellite naturel, car il n'y a aucune trace d'écoulements passés. En revanche, on a mis en évidence des traces d'eau gelée aux pôles.

Les montagnes

Ce sont les restes des remparts de cratères gigantesques. Beaucoup dépassent 5 000 m d'altitude par rapport à la plaine environnante.

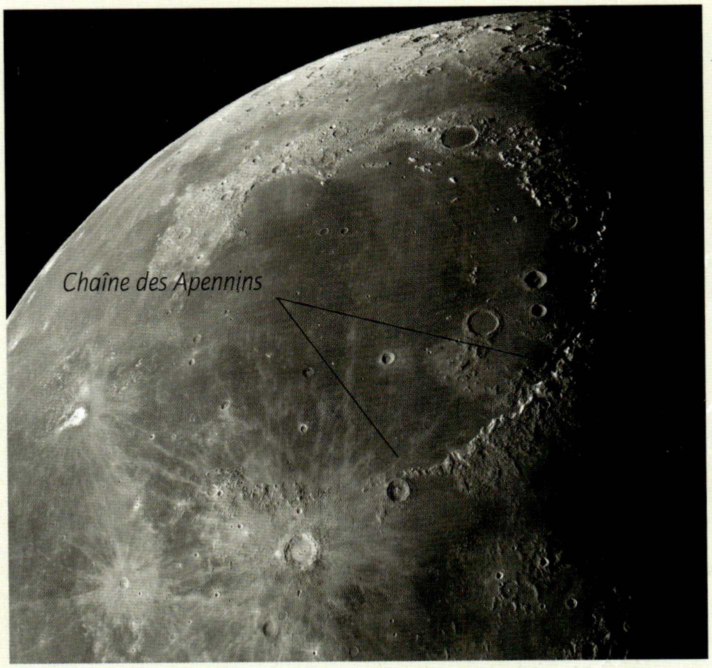

Les failles

Ces fissures correspondent à des vallées créées par d'anciens écoulements de lave.

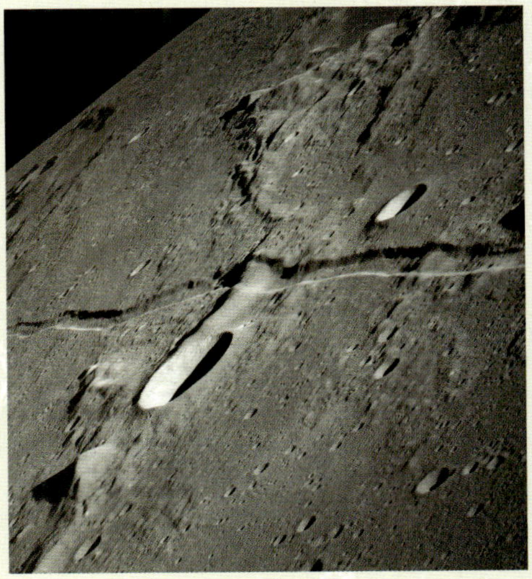

Valse à trois partenaires

Lorsque la Terre et la Lune jouent à cache-cache avec le Soleil, il arrive que l'astre du jour s'obscurcisse ou que la Lune devienne rouge feu. Phénomènes spectaculaires mais passagers, les éclipses, qui ont longtemps inquiété les civilisations, sont aujourd'hui guettées par les hommes du monde entier.

Des astres bien ordonnés

Les éclipses se produisent chaque fois que la Terre, la Lune et le Soleil s'alignent parfaitement dans l'espace. Deux cas peuvent se présenter : l'éclipse de Soleil ou l'éclipse de Lune. De notre planète, nous assistons alors à un fascinant ballet d'ombre et de lumière.

Éclipse de Soleil artificielle

L'astronome B. Lyot, en 1930, a eu une idée ingénieuse : en ajoutant un petit disque noir dans une lunette, il a caché le Soleil et recréé ainsi une éclipse artificielle. Le célèbre coronographe a vu le jour et, depuis, cet appareil est fréquemment utilisé dans les observatoires astronomiques.

Éclipse totale de Soleil du 29 mars 2006 ; on observe une belle couronne solaire blanchâtre.

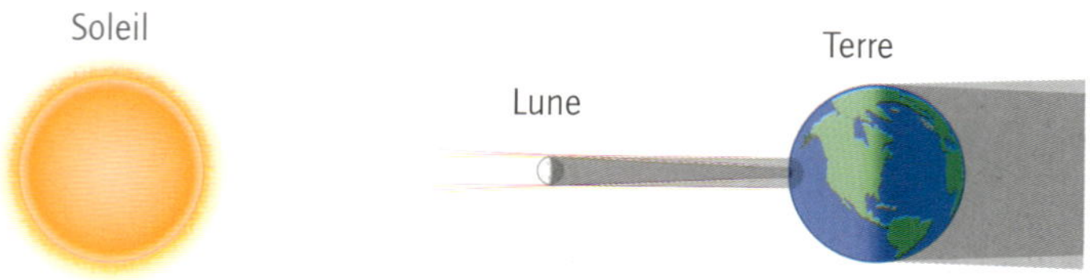

Soleil noir

Si la Lune se trouve placée exactement entre le Soleil et la Terre, il se produit une éclipse totale de Soleil : la nouvelle Lune vient cacher l'astre du jour dans le ciel. En effet, par une heureuse coïncidence, la Lune est 400 fois plus petite que le Soleil mais aussi 400 fois plus proche ; ils apparaissent alors de la même taille. Ces éclipses sont peu nombreuses, car l'alignement Soleil-Lune-Terre n'est pas parfait à chaque nouvelle Lune.
Au moment de l'éclipse, il fait nuit en plein jour pendant quelques minutes (au maximum sept), la température baisse et les animaux semblent effrayés. Attention : pour regarder le Soleil, il faut utiliser des lunettes "spéciales éclipse", sinon tu peux te brûler les yeux !

Une éclipse "ratée"

La Lune tourne autour de la Terre selon une trajectoire qui n'est pas tout à fait un cercle, mais plutôt un ovale. Ainsi, elle se trouve parfois plus éloignée que d'habitude. Il se produit alors une éclipse de Soleil, dite annulaire, car la Lune ne masque pas entièrement le Soleil ; on observe un grand anneau lumineux autour d'elle.

Éclipse annulaire du 3 octobre 2005 (photomontage).

Un public restreint

Il faut se trouver au bon endroit au bon moment pour assister à une éclipse totale de Soleil. En effet, la Lune projette sur la Terre une tache au diamètre réduit (environ 270 km), qui se déplace au fur et à mesure que la Terre tourne sur elle-même. Si l'on est en bordure de cette tache, on peut voir une éclipse "partielle" : le Soleil n'est pas tout à fait caché par la Lune. Il se produit aussi des éclipses partielles de Lune lorsque celle-ci n'entre pas entièrement dans l'ombre de notre planète. Heureusement, les astronomes arrivent à prévoir les éclipses totales (date et lieu) sur plusieurs dizaines d'années : nous pouvons donc préparer le voyage à l'avance !

Éclipse de Lune du 28 octobre 2004.

Lune rouge

Une éclipse de Lune a lieu quand la pleine Lune passe dans l'ombre de la Terre. Elle semble disparaître, mais les rayons du Soleil qui traversent l'atmosphère viennent éclairer faiblement la surface lunaire : elle devient orangée, brune et très souvent rouge pendant près de deux heures.

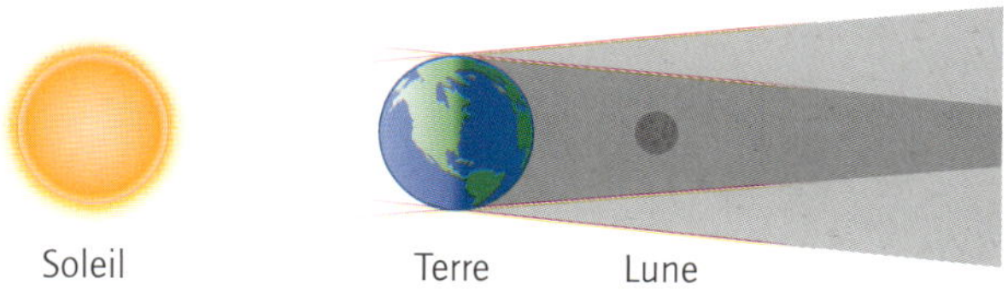

À la recherche des planètes

Il a fallu des millénaires pour que les hommes se rendent compte que les planètes vues dans le ciel font partie de la même famille que la Terre. Comment a-t-on découvert ces infatigables voyageuses, puis admis qu'elles tournent toutes autour du Soleil ?

Les premières observations

Dès le IIe millénaire avant J.-C., au cœur du Proche-Orient, les astronomes mésopotamiens possédaient une excellente connaissance du ciel : ils avaient noté le déplacement du Soleil et de la Lune, mais également celui, plus étrange, de cinq petits points brillants sur la voûte céleste. Plus tard, les Grecs appelèrent *planêtês*, c'est-à-dire astres errants, ces corps vagabondant parmi les étoiles. Il s'agissait des cinq planètes bien visibles à l'œil nu dans le ciel : Mercure, Vénus, Mars, Jupiter et Saturne.

Système de Ptolémée.

Système de Copernic.

La ronde des astres

Aristarque de Samos, un savant grec, fut le premier à envisager que les planètes, y compris la Terre, tournent autour du Soleil. Mais la théorie qui domina dans l'Antiquité fut celle de Ptolémée (IIe siècle ap. J.-C.), selon laquelle la Terre était immobile au centre du monde et les planètes en révolution* autour d'elle. Durant près de 1 500 ans, l'astronomie fit peu de progrès.

Au XVIe siècle, le Polonais Copernic révolutionna notre vision de l'univers : le Soleil serait en définitive au centre du système solaire !

De grands scientifiques tels que Tycho Brahe, Kepler, Newton ou Galilée renforcèrent cette théorie, confirmant que les planètes tournent autour de l'astre du jour.

Vous avez dit « George » ?

En 1781, William Herschel et sa sœur Caroline entreprirent une observation précise d'une portion du ciel et firent une découverte imprévue : une septième planète au-delà de Saturne. Herschel décida de la nommer "George" en l'honneur du roi d'Angleterre George III ! Devant la protestation des astronomes de l'époque, il changea d'avis et la nomma Uranus.

Une de plus !

En 1846, Urbain Le Verrier, alors jeune astronome, supposa l'existence d'une nouvelle planète. Il parvint à déterminer sa position exacte dans le ciel, et demanda à l'astronome J. G. Galle de la trouver depuis l'observatoire de Berlin. Ce dernier s'exécuta ; les prévisions étaient exactes : Neptune, la huitième planète, était découverte. Trois ans plus tôt, J. C. Adams fut moins chanceux, car il avait lui aussi calculé et prédit l'existence de cet astre, mais personne ne l'avait pris au sérieux !

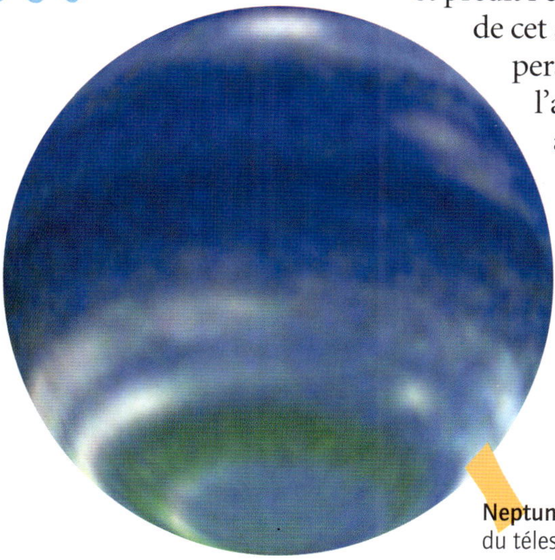

Neptune (image du télescope *Hubble*).

Un tout petit point

Pluton, longtemps considérée comme la neuvième planète historique du système solaire *(voir p. 156-157)*, a été vue pour la première fois en 1930 par l'astronome Clyde Tombaugh, depuis l'observatoire de Flagstaff en Arizona. La tâche a été rude, car Pluton est une sphère plus petite que la Lune, située à plus de 5 milliards de km du Soleil ! Certains scientifiques estimaient néanmoins que ce petit corps n'était pas vraiment une planète. Depuis 2006, Pluton est officiellement considérée comme une "planète naine".

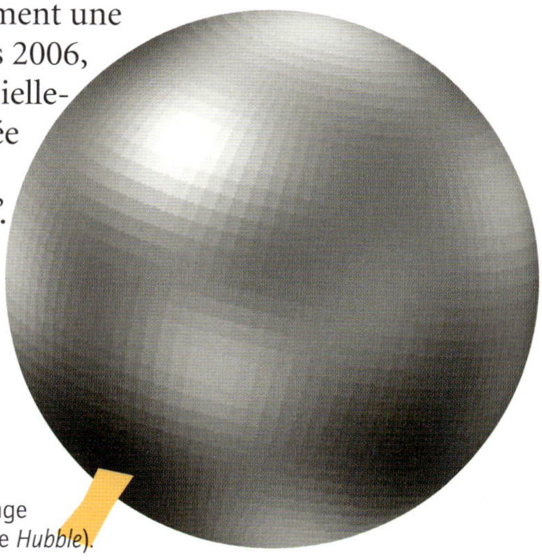

Pluton (image du télescope *Hubble*).

Des dieux en pagaille

Toutes les planètes portent des noms de dieux célèbres de la mythologie romaine : Mercure est le dieu des Voyageurs et des Marchands, Vénus, la déesse de la Beauté et de l'Amour, Mars, le dieu de la Guerre, Jupiter, le maître des dieux, Saturne, le dieu des Semailles, Uranus, le dieu du Ciel et Neptune, le dieu des Mers et des Océans.

Ce que content les étoiles

Dans le ciel nocturne, les étoiles apparaissent comme des points lumineux à première vue identiques. Pour s'y retrouver, les astronomes, dès l'Antiquité, les ont reliées par la pensée, dessinant sur la voûte céleste de vastes figures imaginaires : les constellations.

Persée délivrant Andromède (tableau du XVIIe siècle).

Ces constellations sont créées par un effet de perspective : en réalité, les étoiles qui les composent sont très éloignées les unes des autres. Les astronomes leur ont donné les noms de personnages mythologiques (Pégase, Hercule, Orion, Cassiopée...) ou d'animaux (Aigle, Scorpion, Lion...). Ainsi, beaucoup de dieux et de héros grecs peuplent notre ciel. Par une belle nuit d'automne, cherche les constellations de Cassiopée ①, d'Andromède ② ou de Pégase ③, et écoute-les te chuchoter leur histoire...

Céphée, roi d'Éthiopie, avait pour épouse Cassiopée, une femme orgueilleuse qui ne cessait de vanter la beauté de sa fille, Andromède. Elle proclama un jour que cette beauté surpassait celle des Néréides, les nymphes des mers.

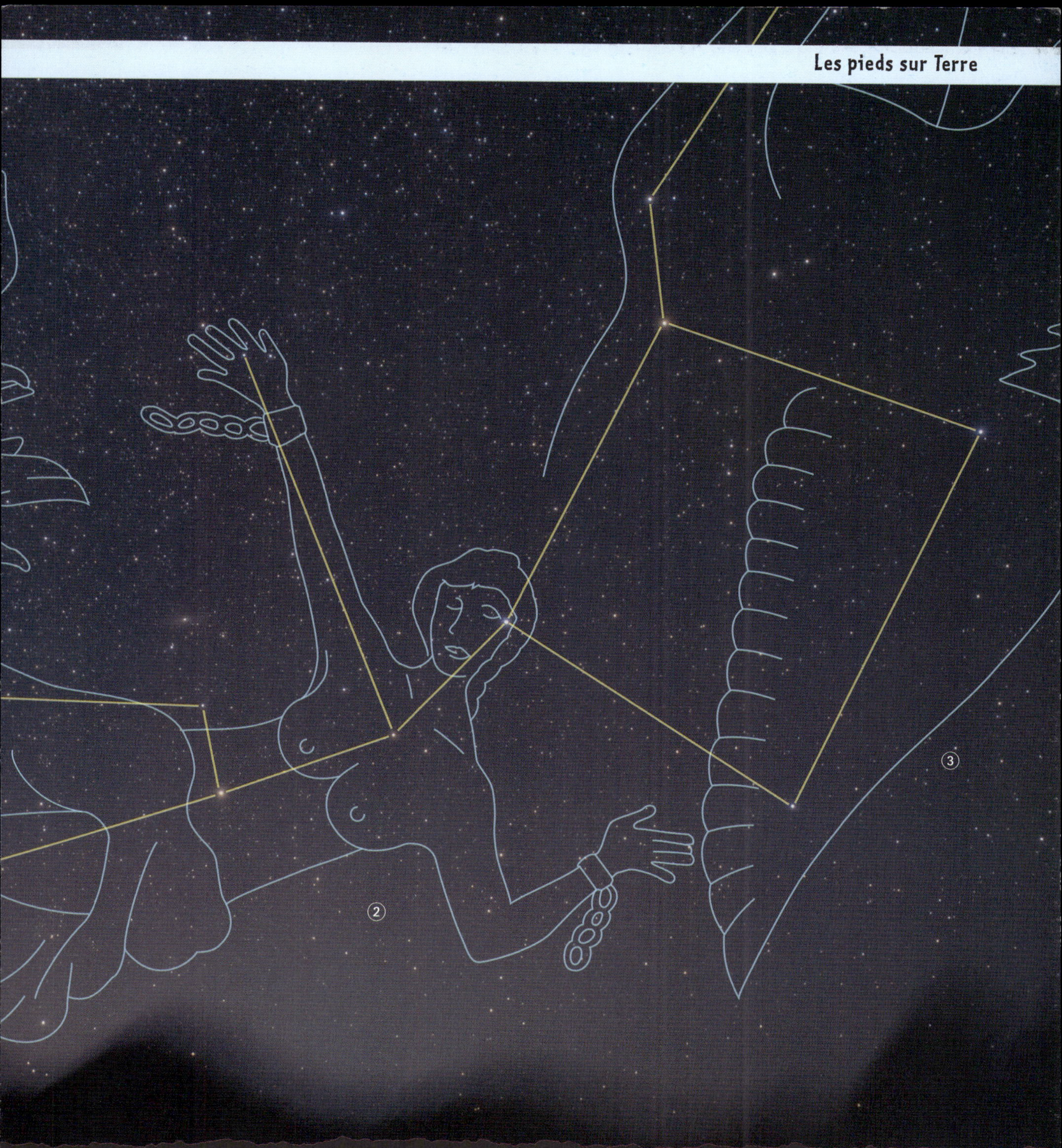

Très en colère, le dieu Poséidon, le père des nymphes, se vengea en envoyant un monstre marin, la baleine Cétus, ravager le territoire du roi. Le royaume ne serait débarrassé du monstre que si Andromède était sacrifiée... Résigné, Céphée attacha sa fille à un rocher, à la merci de la baleine. C'était compter sans le retour de Persée, le guerrier chevauchant Pégase, son cheval ailé. Après une longue et difficile bataille contre la Gorgone Méduse, celui-ci trouva le rocher auquel la malheureuse Andromède était enchaînée. Il eut vite fait de tuer le monstre dès qu'il apparut et délivra la jeune princesse, qu'il épousa peu de temps après.

Les étoiles au fil des saisons

Sous nos latitudes*, nous pouvons observer vers le sud la constellation du Scorpion en été, celle de Pégase en automne, celle d'Orion en hiver, et celle du Lion au printemps. Le spectacle de la voûte céleste évolue-t-il en permanence ?

Vue du ciel sur une photo prise pendant une longue pose : les étoiles semblent toutes tourner autour de la Polaire.

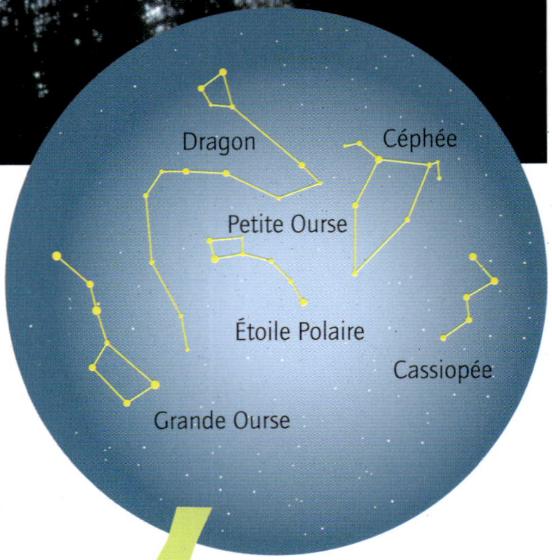

Carte de la région circumpolaire Nord.

La famille des circumpolaires

Non, tout ne change pas. Certaines constellations sont toujours visibles depuis l'hémisphère Nord : la Grande Ourse, la Petite Ourse, Cassiopée… On les appelle les "circumpolaires", car elles sont situées près de l'étoile Polaire – qui est alignée avec l'axe de rotation* de la Terre *(voir p. 12-13)* –, et ne disparaissent jamais sous l'horizon. Elles nous sont donc familières.

La Terre nous fait tourner la tête

Voici notre planète de nouveau prise sur le fait : ce ne sont pas les étoiles qui bougent, c'est la Terre qui est en mouvement. Elle effectue une révolution* autour du Soleil en une année et décrit ce qu'on appelle une orbite (*voir p. 14-15*). Selon la saison, la Terre n'est donc pas située au même endroit par rapport au Soleil ; par conséquent, nous qui sommes sur Terre, nous ne regardons pas toujours dans la même direction de l'espace, et nous observons des constellations différentes au cours de l'année.

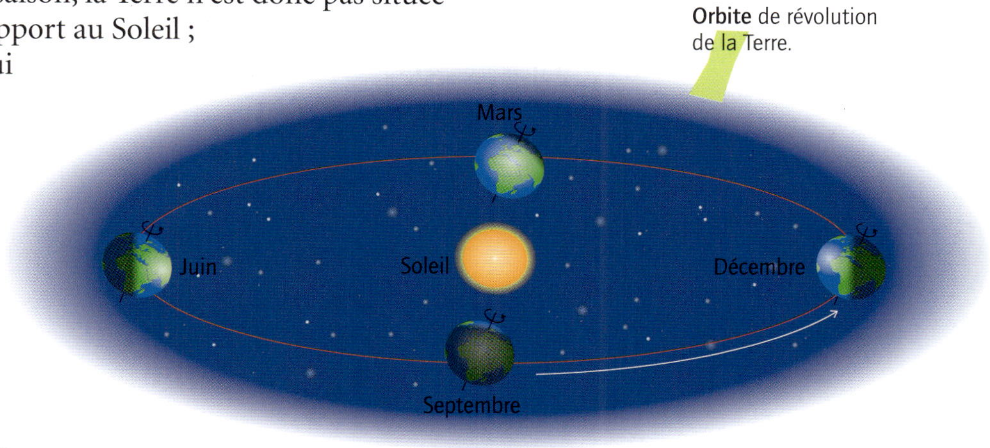

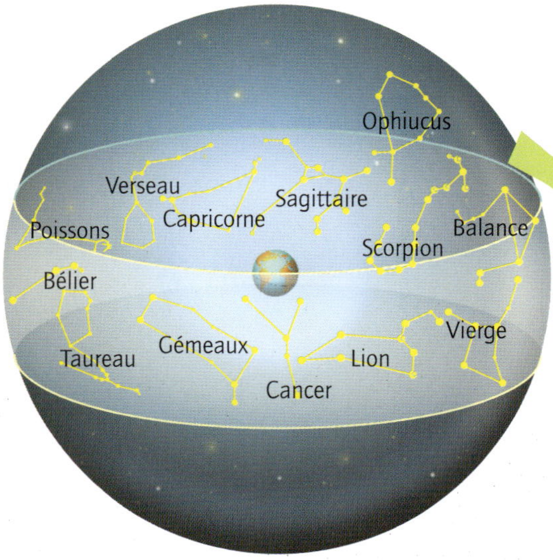

Depuis la Terre, l'espace nous apparaît comme une grande sphère qui nous enveloppe, et sur laquelle on peut pointer les étoiles, notamment les 13 constellations du zodiaque (dont Ophiucus, grande oubliée des astrologues).

Le manège enchanté du zodiaque

Essaie de repérer le trajet apparent du Soleil dans l'espace (dû en réalité à la révolution de la Terre). Pour cela, tu vas établir le carnet de voyage de l'astre du jour. Tu y mentionneras mois après mois le nom de la constellation que tu vois à minuit dans la direction du sud. À midi, tout au long du mois, le Soleil passe à son tour par ce point. Le Soleil est donc, dans l'espace, diamétralement opposé à cette constellation. Ainsi, tu retrouveras inscrits sur ton carnet de route les noms des constellations du zodiaque, cette large bande dans laquelle le Soleil semble se déplacer durant une année.

Astronomie et astrologie

Dans le passé, on attribuait aux bébés un signe astrologique (Scorpion, Balance, Capricorne…) ; celui-ci correspondait à la constellation du zodiaque dans laquelle le Soleil se levait le jour de leur naissance. Ce signe devait influer sur le caractère de la personne et orienter le cours de sa vie. C'est comme cela qu'ont été inventés les horoscopes, qui aujourd'hui encore sont largement commercialisés. Néanmoins, ils ne correspondent plus à aucune réalité physique, car l'axe de rotation de la Terre ne pointe plus dans la même direction qu'auparavant. Le Soleil ne se lève donc plus au même moment devant les mêmes constellations.

Promenade nocturne

Loin des lumières de la ville, une fois la nuit tombée, quel plaisir de contempler le spectacle du ciel ! Mais parmi ces innombrables étoiles et constellations, comment se repérer et leur donner un nom ?

Cartographier le ciel

Ce sujet a occupé de nombreuses générations d'astronomes ; très tôt, ils ont résolu le problème en confectionnant des globes célestes, sur lesquels ils portaient à la fois la position des étoiles selon leurs coordonnées, et le dessin des constellations. Cette représentation de la voûte céleste, certes fidèle, présentait l'inconvénient d'être difficilement transportable. Aussi a-t-on décidé d'utiliser plutôt des atlas célestes, projections du globe sur un plan. Il s'agit de découper de façon très précise le globe céleste et de le déplier, pour obtenir une projection sur une carte où les déformations seraient minimes. Sur cette carte, les étoiles sont repérables selon leurs coordonnées, elles-mêmes définies par rapport à l'équateur céleste (prolongement dans le ciel de l'équateur terrestre).

Globe céleste datant du XVIIe siècle.

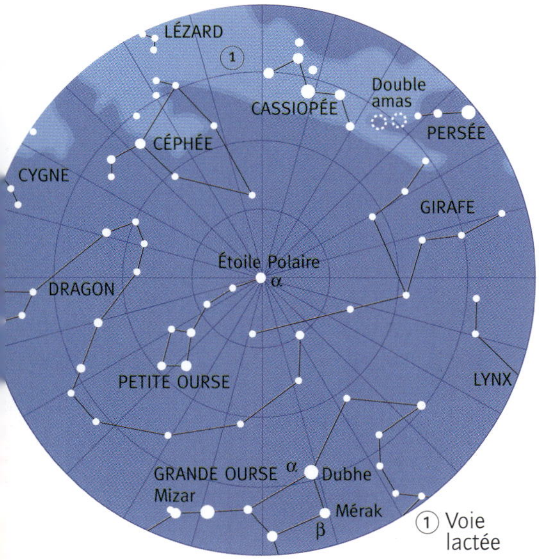

Lire dans les étoiles

La carte ci-contre te montre les constellations visibles vers le nord, lorsque tu te places face à l'étoile Polaire. Tu peux alors repérer les plus connues : la Petite Ourse, la Grande Ourse, Cassiopée… Les deux pages suivantes te présentent des cartes du ciel aux quatre saisons. Pour t'orienter, il faut que tu te places face à l'horizon sud. Facile : tu viens de localiser l'étoile Polaire, donc l'horizon nord ; fais demi-tour sur tes talons… tu auras l'horizon sud face à toi ! Ces cartes sont utilisables entre 30° et 60° de latitude* Nord, soit de l'Espagne à la Scandinavie. En France, on se situe autour de 40° de latitude : il faut donc masquer le bas des cartes.

Une astuce pour s'y retrouver

Commence par localiser une constellation bien connue : la Grande Ourse, qui ressemble à une casserole. Ensuite, applique la méthode des alignements. En traçant une ligne passant par le petit côté de la casserole, et en projetant environ 5 fois la distance séparant les deux étoiles, tu repéreras l'étoile Polaire ; de là, il est facile de redessiner la Petite Ourse en forme de brosse à dents tordue. De même, suis le manche un peu incurvé de la casserole. Poursuis cet arc; il t'amène à une étoile très brillante : Arcturus, de la constellation du Bouvier. Cette méthode permet de faire le tour du ciel !

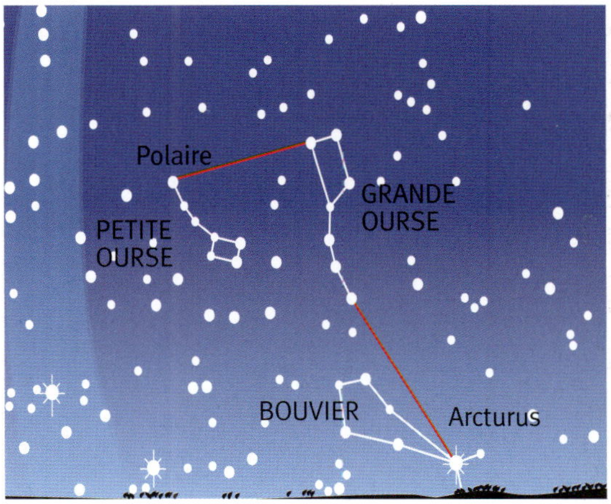

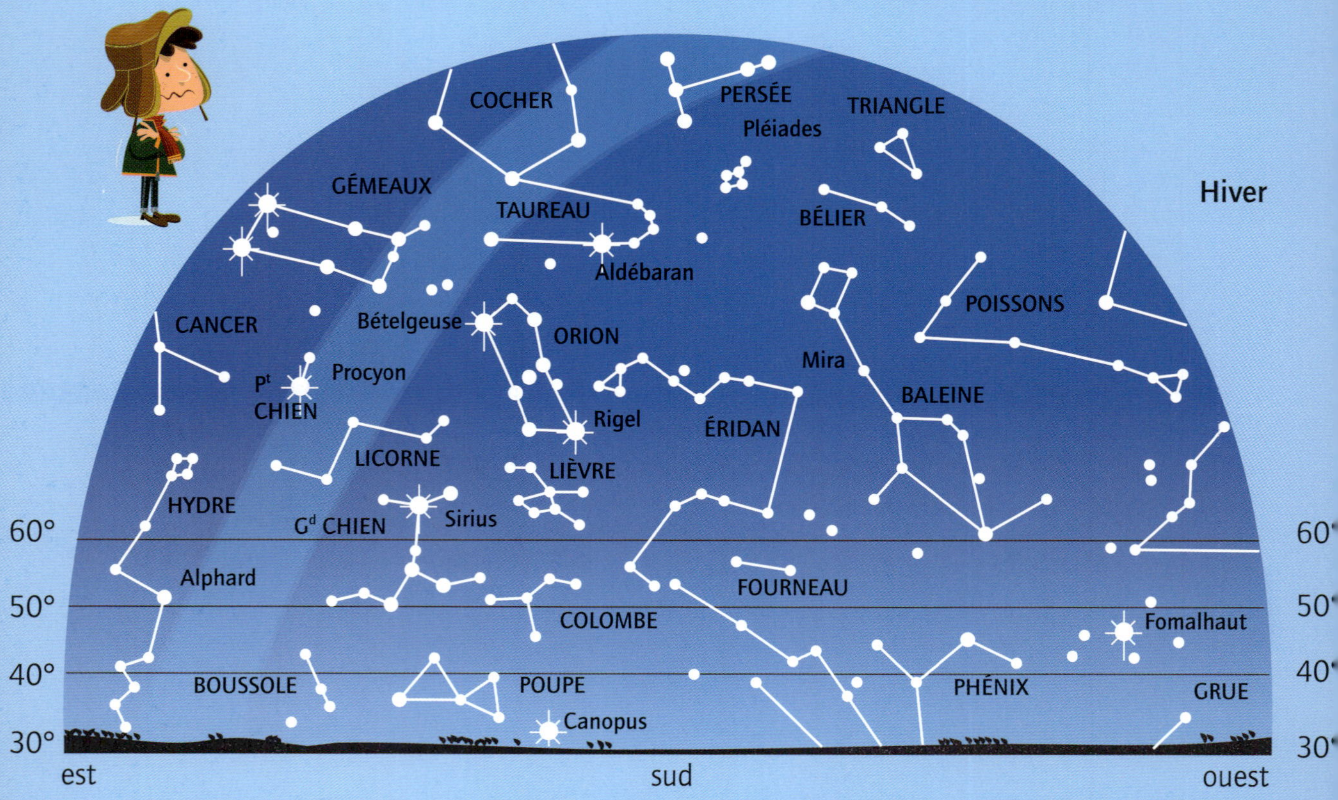
Hiver
COCHER
PERSÉE
Pléiades
TRIANGLE
GÉMEAUX
TAUREAU
BÉLIER
Aldébaran
POISSONS
CANCER
Bételgeuse
ORION
Mira
Procyon
Pt CHIEN
BALEINE
Rigel
ÉRIDAN
LICORNE
LIÈVRE
HYDRE
Gd CHIEN
Sirius
Alphard
FOURNEAU
COLOMBE
Fomalhaut
BOUSSOLE
POUPE
PHÉNIX
GRUE
Canopus
60°
50°
40°
30°
est
sud
ouest

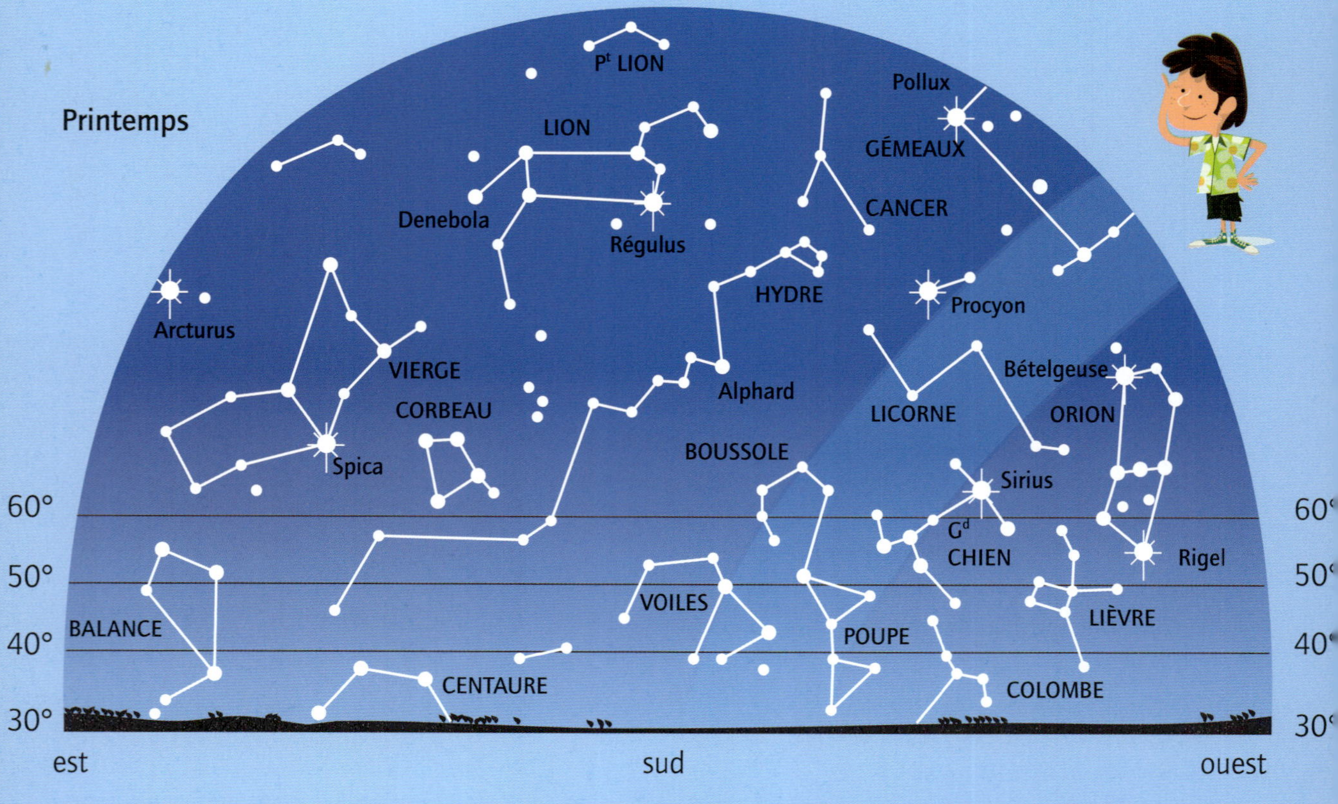
Pt LION
Pollux
Printemps
LION
GÉMEAUX
CANCER
Denebola
Régulus
HYDRE
Procyon
Arcturus
VIERGE
Alphard
Bételgeuse
CORBEAU
ORION
LICORNE
Spica
BOUSSOLE
Sirius
Gd CHIEN
Rigel
VOILES
LIÈVRE
BALANCE
POUPE
CENTAURE
COLOMBE
60°
50°
40°
30°
est
sud
ouest

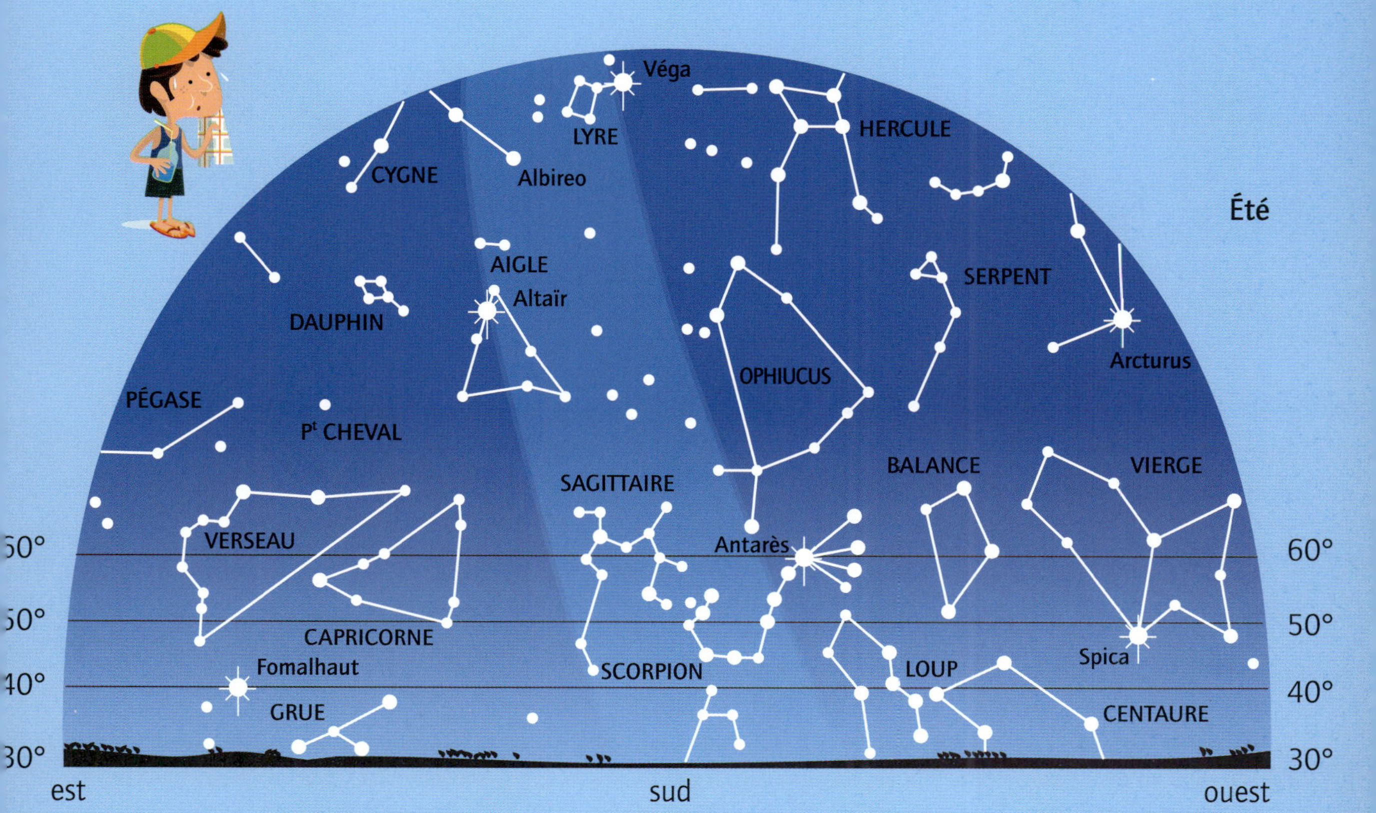
Été
Véga
LYRE
HERCULE
CYGNE
Albireo
AIGLE
Altaïr
SERPENT
DAUPHIN
Arcturus
OPHIUCUS
PÉGASE
Pt CHEVAL
BALANCE
VIERGE
SAGITTAIRE
Antarès
VERSEAU
CAPRICORNE
Fomalhaut
SCORPION
LOUP
Spica
GRUE
CENTAURE
60°
50°
40°
30°
est
sud
ouest

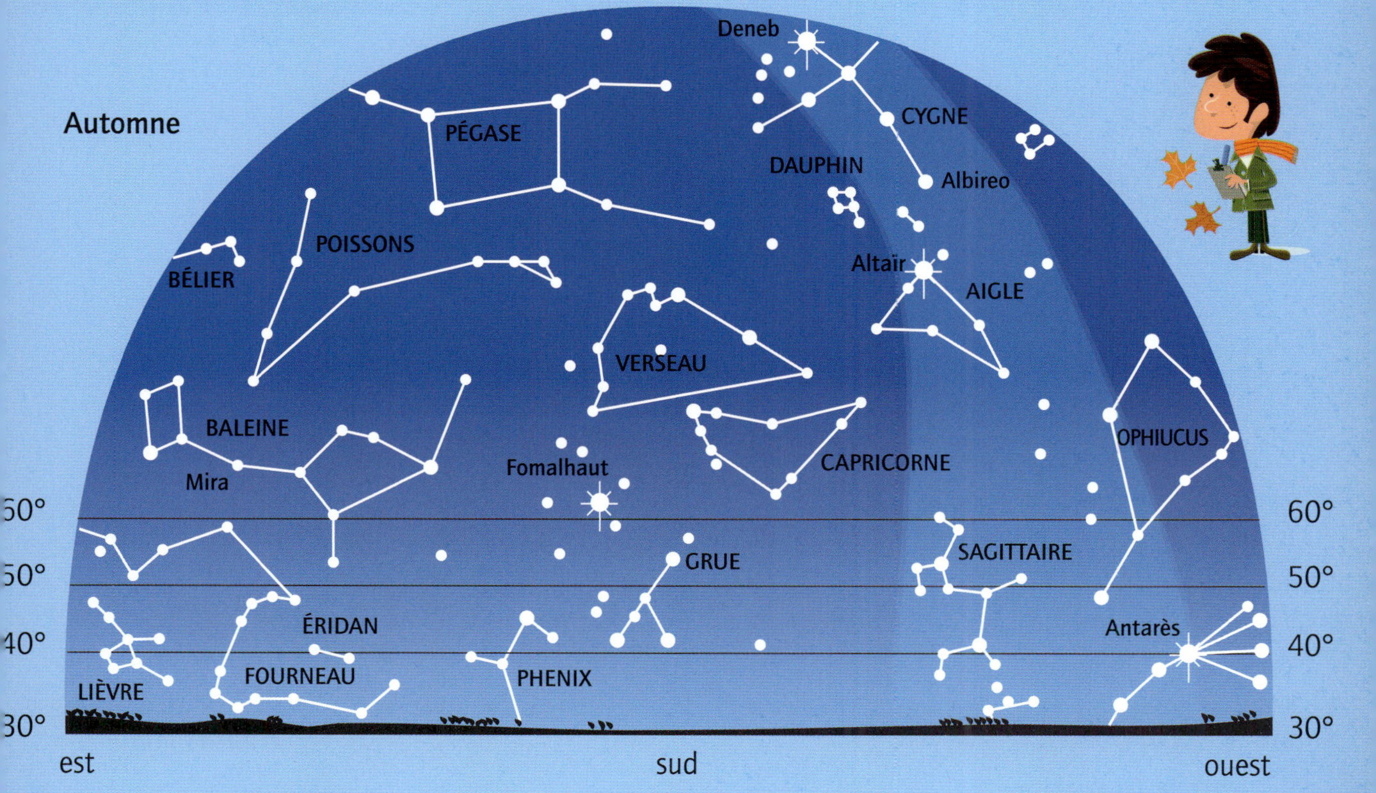
Automne
Deneb
PÉGASE
CYGNE
DAUPHIN
Albireo
POISSONS
BÉLIER
Altaïr
AIGLE
VERSEAU
BALEINE
OPHIUCUS
Mira
Fomalhaut
CAPRICORNE
GRUE
SAGITTAIRE
ÉRIDAN
Antarès
FOURNEAU
PHENIX
LIÈVRE
60°
50°
40°
30°
est
sud
ouest

De l’autre côté de la Terre

Dans l’hémisphère Sud, les habitants n’ont pas la tête en bas, mais ils observent un ciel bien différent du nôtre ! Les premiers à en rendre compte furent les explorateurs du XVIe siècle, qui partirent à la découverte de ces nouvelles contrées.

Portrait de Magellan.

Cap au sud !

En 1519, Fernand de Magellan, navigateur portugais, embarque à la tête d’une flotte composée de cinq navires ; il a pour mission de joindre les îles du Pacifique Sud, riches en épices, en contournant l’Amérique par le sud, alors que cela ne s’est jamais fait. En 1522, les survivants de son équipage boucleront sans lui le premier tour du monde, vérifiant du même coup que la Terre est ronde.

C’est à bord du navire *Victoria* que Magellan découvrit le détroit qui porte son nom et qui relie l’Atlantique au Pacifique.

À la recherche du pôle céleste Sud

À mesure que les navires descendent vers l'équateur, l'étoile Polaire semble s'abaisser vers l'horizon. Une fois passé l'équateur, cette étoile n'est plus visible : elle est cachée sous l'horizon, de l'autre côté de la Terre. Nuit après nuit, Magellan et l'astronome qui l'accompagne poursuivent leurs observations. Certaines constellations leur sont familières (le Taureau, Orion, le Grand Chien…) mais leur dessin est inversé ! Nos navigateurs ont ainsi confirmation qu'ils ont franchi la ligne imaginaire de l'équateur. D'autres constellations leur sont totalement inconnues, trop basses dans le ciel pour qu'ils aient pu les voir de l'hémisphère Nord. Toutes les étoiles leur semblent, heure après heure, se déplacer autour de la direction du pôle céleste Sud.

Globe céleste.

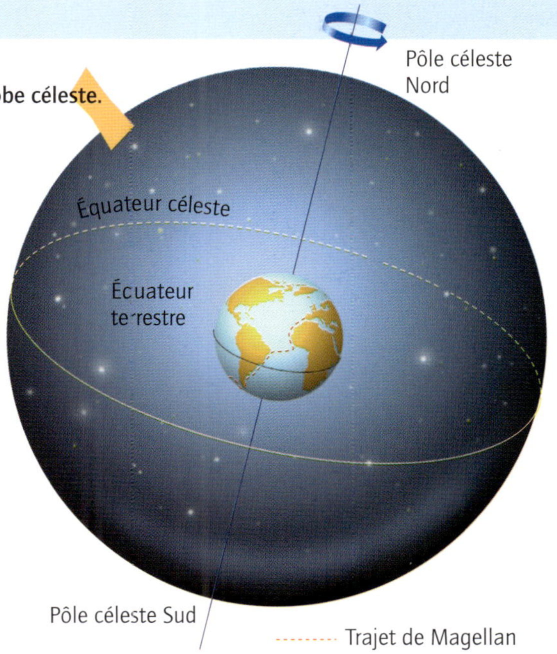

Carte du ciel de la région du pôle Sud.

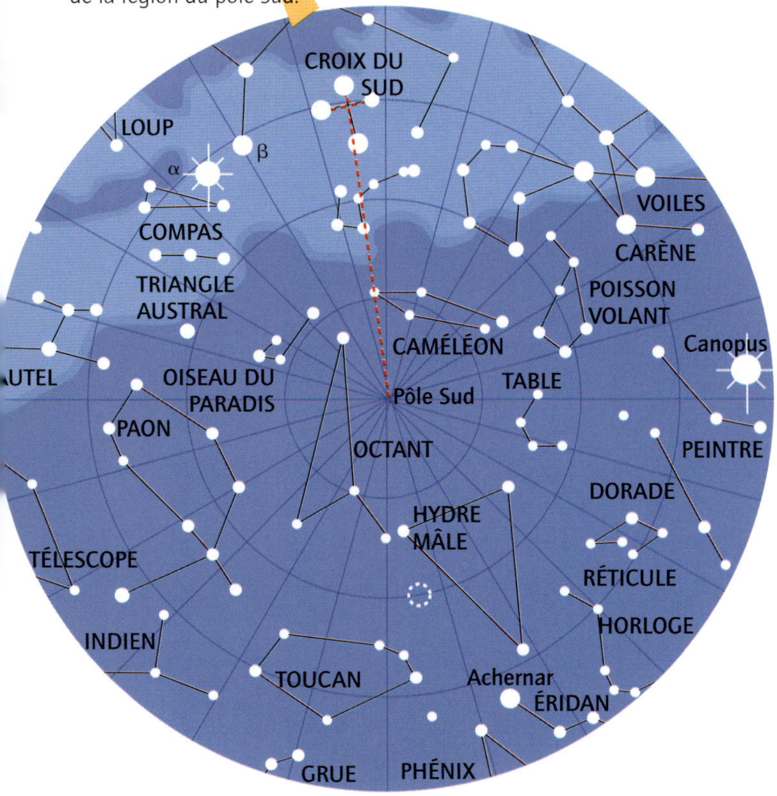

Les constellations de l'hémisphère Sud

Les explorateurs et les habitants de ces contrées utilisent comme point de repère le pôle céleste Sud. La Terre tourne en effet autour d'un axe imaginaire passant par le pôle céleste Nord – marqué par l'étoile Polaire – et le pôle Sud. Pour trouver ce dernier, ou du moins la région dans laquelle il se situe, il faut repérer, dans la Voie lactée, la constellation de la Croix du Sud. On trace une ligne fictive prolongeant sa plus grande branche environ trois fois, jusqu'à atteindre une région du ciel dénuée d'étoiles : le pôle céleste Sud !

Le premier catalogue

En 1750, l'abbé Nicolas Louis de La Caille dressa la première carte du ciel de l'hémisphère Sud. Il dessina et nomma de nouvelles constellations, telles que la Mouche, le Caméléon, l'Oiseau de Paradis, la Machine pneumatique, le Télescope, le Compas, la Boussole…

Proches ou lointaines ?

Les Aztèques voyaient les étoiles comme les yeux des dieux observant l'humanité. En Europe, jusqu'au Moyen Âge, on pensait que les étoiles étaient collées à la voûte céleste. On sait aujourd'hui que certaines sont relativement proches de nous, et d'autres beaucoup plus éloignées.

Séléné, déesse grecque de la Lune, dépose chaque nuit les étoiles sur la voûte céleste.

Dans la banlieue du Soleil

Imagine que tu puisses emprunter un vaisseau spatial ultrarapide, voyageant à la vitesse de la lumière, c'est-à-dire à environ 300 000 km par seconde – gare aux excès de vitesse tout de même ! Pour rendre visite à l'étoile la plus proche du Soleil, Proxima du Centaure, dans la constellation du même nom, il te faudrait environ 4 années. On dit que cette étoile se situe à 4 années-lumière de nous, ce qui correspond à environ 38 000 milliards de km.

Des distances vertigineuses

D'autres étoiles sont beaucoup plus lointaines. Sirius, par exemple, l'étoile la plus brillante du ciel de l'hiver, située dans la constellation du Grand Chien, est à 9 années-lumière de nous, tandis que 400 années-lumière environ nous séparent de Bételgeuse, dans la constellation d'Orion. Tu peux repérer ces étoiles sur les cartes du ciel *(voir p. 34-35)*, mais ne cherche pas la plus lointaine : elle n'y figure pas ! D'après les calculs, elle pourrait se situer à environ 15 milliards d'années-lumière… et n'a pas encore été observée.

Sirius, dans la constellation du Grand Chien.

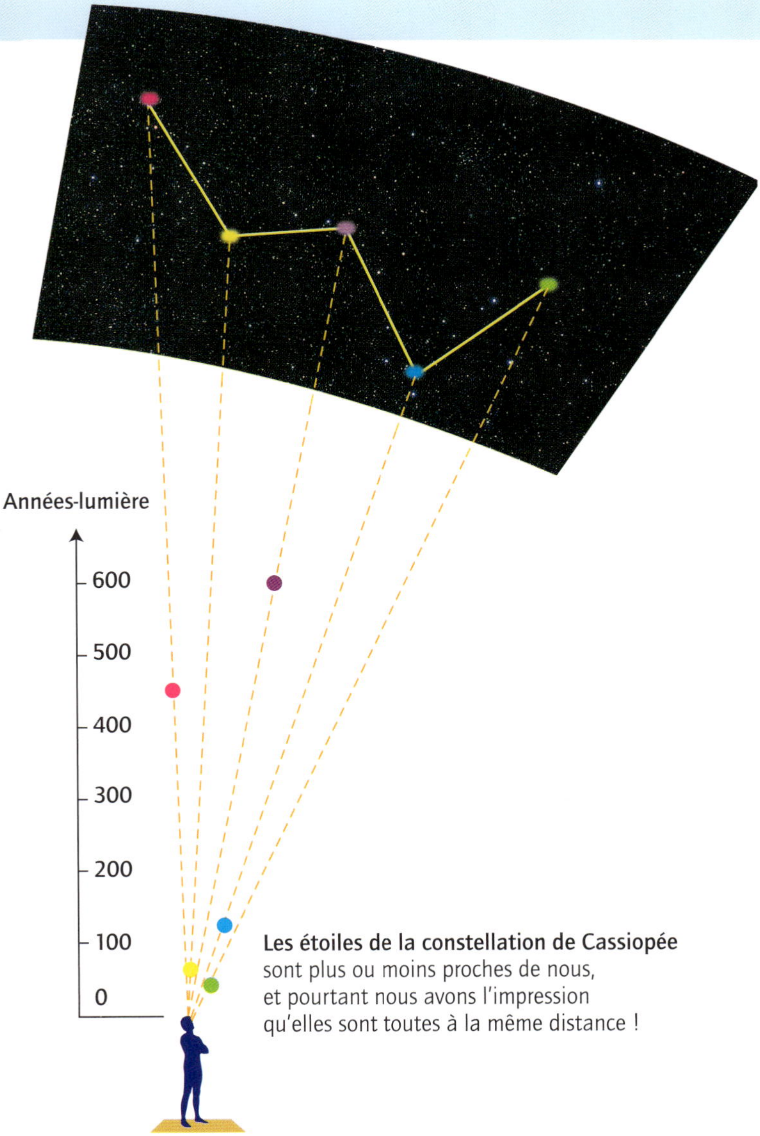

Les étoiles de la constellation de Cassiopée sont plus ou moins proches de nous, et pourtant nous avons l'impression qu'elles sont toutes à la même distance !

Constellation = illusion !

Les étoiles n'étant pas toutes situées à la même distance de la Terre, les constellations *(voir p. 28-29)* n'ont aucune réalité scientifique. On les a dessinées par l'esprit en reliant des étoiles qui se situent à peu près dans la même direction, et qui brillent approximativement de la même façon. Ce sont des projections d'étoiles sur un même plan.
En 1927, l'Union astronomique internationale a dressé un catalogue de 88 constellations qui découpent le ciel, chaque point de la voûte céleste faisant partie de l'une de ces régions. Aujourd'hui, les astronomes n'utilisent plus ces figures de référence ; ils leur préfèrent un découpage beaucoup plus précis.

Constellation de Cassiopée.

Des calculs savants

Pour évaluer la distance des étoiles au Soleil, il ne faut pas se fier à leur luminosité : les étoiles les plus brillantes ne sont pas forcément les plus proches ! Ces distances se mesurent de façon géométrique. C'est l'astronome allemand Friedrich Bessel qui utilisa pour la première fois, en 1838, la méthode dite des parallaxes annuelles : il observa en été puis en hiver la même étoile, et nota sa hauteur dans le ciel. En combinant ces deux résultats, il réussit à déduire la distance séparant l'étoile du Soleil.
Le satellite *Hipparcos*, au début des années 1990, procéda de la même manière et mesura les distances au Soleil de 120 000 étoiles.

La folie des grands nombres

En astronomie, les distances sont énormes et se chiffrent souvent en milliards de kilomètres. Pour s'affranchir de ces grands nombres, les astronomes utilisent comme unité l'année-lumière. Ils emploient aussi une autre grandeur, l'unité astronomique : une unité astronomique correspond à la distance séparant la Terre du Soleil, soit 150 millions de km environ.
Une année-lumière correspond donc à 63 240 unités astronomiques.

Des éclairs dans la nuit

Léonides, Perséides, Taurides et autres stars en “ides”… Quand on repère votre éclat, lumineux et bref, on a juste le temps de faire un vœu, comme le souhaite la tradition, avant que vous ne disparaissiez sans laisser de traces. Qui êtes-vous ?

Pluie d'étoiles filantes vue par un artiste du XIXe siècle.

Des “étoiles” filantes

Il n'y a rien de commun entre ces traits de lumière qui zèbrent la nuit et les points brillants et immobiles que nous appelons étoiles. La confusion a longtemps régné du fait des observations des premiers astronomes, mais la nature des uns et des autres est bien différente. L'espace est rempli de débris de cailloux, nommés météorites ; ce sont des petits blocs de roches provenant par exemple d'une planète ou d'une comète. Lorsqu'une météorite approche de la Terre, elle est, du fait de la gravitation*, attirée par celle-ci. Elle rencontre l'atmosphère, le douillet manteau qui enveloppe la Terre et la protège de toute intrusion. La météorite est ainsi freinée, et souvent elle se consume. On repère alors dans le ciel un trait lumineux.

Et si ça ne brûle pas ?

Parfois, les météorites ne brûlent pas en entrant dans l'atmosphère ; au contraire, elles chutent sur la Terre, provoquant des dégâts plus ou moins importants selon leur taille ***(voir p. 146)*****. Une grosse météorite peut, en tombant, creuser un cratère de plusieurs mètres de diamètre ! Heureusement, la plupart se perdent en mer, dans les déserts ou dans les montagnes.**

En tombant en Arizona, une météorite a créé ce cratère de plus de 1 km de diamètre et de 200 m de profondeur, baptisé Meteor Crater.

Une étoile filante traverse la voûte céleste.

Faites vos vœux !

Tu peux observer des étoiles filantes tout au long de l'année. Toutefois, certaines périodes sont plus favorables que d'autres. On en compte jusqu'à plusieurs milliers par nuit autour du 13 novembre, et du 11 au 13 août. À ces moments-là, la Terre croise un essaim de cailloux. Une belle pluie d'étoiles filantes en perspective !

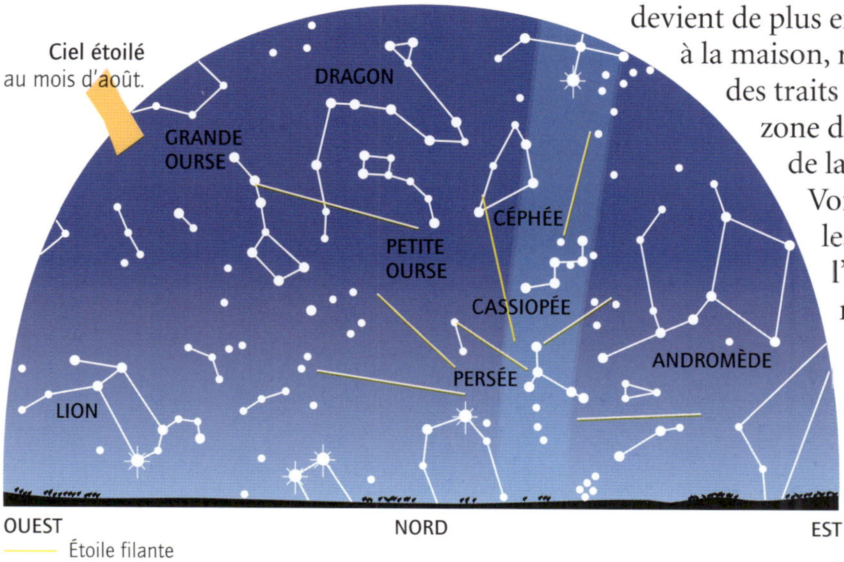

Ciel étoilé au mois d'août.

Des noms étranges

Tente cette expérience très simple. Aux alentours du 10 août, installe-toi la nuit sur une chaise longue, muni d'une carte du ciel, d'un crayon et d'une lampe torche. Le ciel semble zébré d'étoiles filantes ! Essaie de dessiner sur ta carte leurs trajectoires telles que tu les observes. Avec un peu d'entraînement, l'exercice devient de plus en plus aisé. De retour à la maison, regarde ton dessin : la plupart des traits semblent provenir d'une zone du ciel située dans la direction de la constellation de Persée. Voilà pourquoi on les appelle les Perséides ! Tu peux refaire l'expérience au mois de novembre, et tu t'apercevras que toutes les étoiles filantes proviennent d'une région située dans la direction de la constellation du Lion ; on les nomme alors les Léonides.

Observer l'univers

Pour étudier précisément le ciel, les astronomes et les ingénieurs ont mis au point des télescopes perfectionnés, abrités dans les gigantesques coupoles des observatoires. Répartis sur toute la Terre, ces observatoires pointés vers la voûte céleste nous révèlent la vie tumultueuse des étoiles : une naissance dans des cocons de gaz et une mort brutale lors d'explosions gigantesques, ou plus calme, en draperies multicolores...

Les premiers observatoires

Pour les hommes de l'Antiquité comme pour ceux du XXIe siècle, observer le ciel a toujours été une préoccupation majeure… Ils ont donc construit des observatoires, qui évoluèrent au cours des siècles, à mesure que les savoirs et les techniques s'amélioraient.

Astronome étudiant un astre. Traité d'astronomie du XVe siècle.

Une astronomie pratique

Dès l'Antiquité, l'observation des astres est très importante, car les phénomènes astronomiques rythment la vie quotidienne des peuples. Par exemple, l'apparition d'une constellation annonce le changement des saisons et détermine le calendrier des tâches agricoles. Afin de faciliter cette lecture du ciel, des observatoires plus ou moins rudimentaires sont bâtis. Ainsi, des alignements de pierres comme ceux de Stonehenge (Angleterre), qui datent de l'âge du Bronze (vers 2000 avant notre ère), sont érigés dans des directions bien particulières (celles du lever du Soleil ou de la Lune aux dates des équinoxes). Plus tard, de grands édifices, comme l'observatoire de Samarcande inauguré en 1429 ou celui de Pékin utilisé par des astronomes dès le XIIe siècle, abritent des instruments permettant de déterminer la position des astres.

Un lieu d'observation privilégié ?

Certains scientifiques imaginent implanter un observatoire sur la Lune. Dépourvue d'atmosphère, sans aucune pollution lumineuse liée aux activités humaines, les observations pourraient y être excellentes !

Edwin P. Hubble et son téléscope géant en 1949.

Observatoire astronomique de Chichén Itzá (Yucatán, Mexique).

Toujours plus performants

Les connaissances évoluant, l'astronomie quitte le domaine de la vie quotidienne et de la spiritualité pour revêtir un aspect scientifique. Les observatoires se doivent donc de se perfectionner. Après l'introduction de l'utilisation de la lunette astronomique par l'astronome Galilée en 1609, on construit des instruments optiques toujours plus grands et des édifices pour les protéger. Ces gigantesques monuments renferment un ou plusieurs télescopes, dont la taille peut aller jusqu'à 20 m de longueur. Le premier télescope géant sera utilisé par l'astronome Hubble, en 1950, sur le mont Palomar (Californie). L'observatoire qui l'abrite mesure 42 m de haut pour 41 m de diamètre, et le miroir du télescope lui-même a un diamètre de 5 m.

Des caractéristiques communes

L'observation du ciel nécessite des télescopes performants, dotés de miroirs de grande taille pour capter le plus de lumière possible (*voir p. 46-47*). Si les conditions météorologiques et atmosphériques ne sont pas optimales, ils deviennent inutiles ! Aussi les astronomes ont-ils choisi d'implanter leurs observatoires dans des lieux situés en altitude, le plus souvent dans des régions désertiques, où l'air est sec, calme et exempt de poussières. Il faut également un ciel pur, sans la pollution lumineuse des villes qui risquerait de le ternir. Ces observatoires abritent plusieurs télescopes.

Des observatoires dans l'espace

À la recherche d'un ciel parfait, on peut imaginer s'affranchir de l'atmosphère et prendre encore plus d'altitude : ainsi est née l'ère des télescopes spatiaux, dont *Hubble* est un exemple. Tournant autour de la Terre, ce satellite photographie divers détails de l'univers. Aucun télescope terrestre n'a pu à ce jour surpasser la qualité et la quantité de ses observations !

Tout autour de la Terre...

Un globe-trotter passionné d'astronomie parcourt le monde à la recherche des observatoires disséminés çà et là... En voici quelques-uns qu'il a repérés lors de son périple ! Parmi eux se trouve un intrus... facile à démasquer !

Observatoire du pic du Midi
Lieu : France, Pyrénées
Altitude : 2 870 m
Caractéristiques du lieu : air pur, sec et transparent ; beaucoup de nuits favorables à l'observation
Observatoire : construit entre 1878 et 1882
Nationalité : française
Ce que l'on y observe : le Soleil, la Lune, les planètes
Signes particuliers : son plus grand télescope possède un miroir de 2 m de diamètre

Kitt Peak
Lieu : États-Unis, désert d'Arizona
Altitude : 2 060 m
Caractéristiques du lieu : environ 250 nuits claires par an
Observatoire : commencé en 1950, il est inauguré en 1958 ; premier télescope accessible en 1973
Nationalité : américaine
Ce que l'on y observe : les étoiles et les galaxies faiblement brillantes, le Soleil
Signes particuliers : son plus grand télescope possède un miroir de 4 m de diamètre

Observatoire du Mauna Kea
Lieu : Hawaii
Altitude : 4 208 m
Caractéristiques du lieu :
ciel dégagé 10 mois par an ; atmosphère stable et transparente
Observatoire : appelé CFHT, il a été achevé dans les années 1970
Nationalité :
franco-canadienne-hawaïenne
Ce que l'on y observe : objets célestes lointains et peu lumineux, tels que les galaxies et les quasars *(voir chap. 6)*
Signes particuliers : le télescope principal a un diamètre de 3,60 m

Siding Spring
Lieu : Australie
Altitude : 1 150 m
Caractéristiques du lieu :
beaucoup de nuits favorables à l'observation ; situé dans l'hémisphère Sud
Observatoire : dispose du Télescope anglo-australien (AAT), construit en 1975
Nationalité : anglo-australienne
Ce que l'on y observe : des planètes tournant autour d'autres étoiles que le Soleil, l'univers lointain
Signes particuliers : son plus grand télescope possède un miroir de 3,90 m de diamètre

Observatoire de Kamioka
Lieu : Japon
Altitude : 350 m
Caractéristiques du lieu : ancienne mine de zinc, à 2 000 m sous terre
Observatoire : détecteur appelé *Kamiokande* lancé en 1983
Nationalité : japonaise
Ce que l'on y observe : recherche de neutrinos*
Signes particuliers : pas de télescope, mais une gigantesque piscine de 40 m de haut et de 40 m de diamètre, remplie de 50 000 l d'eau

L'intrus

L'observatoire de Kamioka n'est pas, lui, situé en altitude. Cela n'est pas utile, bien au contraire : il fait partie de cette catégorie d'observatoires qui n'apportent pas d'informations "visibles". Il permet de détecter les neutrinos, ces particules invisibles produites lors d'explosions stellaires *(voir p. 65)*...
D'autres observatoires, tels que les radiotélescopes, captent plutôt les "sons" en provenance de l'univers et ne sont pas non plus situés en altitude.

Au sommet du Cerro Paranal, seul le désert d'Atacama nous entoure. Rien ne bouge à l'horizon...
À 12 km à l'ouest, caché sous une mer de nuages, s'étend l'océan Pacifique. Pourtant, à cet endroit l'air est très sec, transparent, et les nuits sont d'un noir parfait. Voilà pourquoi les ingénieurs de l'Observatoire européen-austral ont choisi d'installer là leur Très Grand Télescope (en anglais, *Very Large Telescope* ou VLT). S'y dressent quatre coupoles de 40 m de haut, construites en 1998, chacune abritant un télescope géant (*photo ci-contre*).

En visite au Très Grand Télescope

Embarquement immédiat... direction le Chili. À 2 635 m d'altitude, bien emmitouflés pour résister à une température très basse, nous visitons le Très Grand Télescope européen.

Les Dalton contemplent le ciel !

Les miroirs de ces télescopes, les composants les plus précieux de la machine, ont été nommés par leurs constructeurs Joe, Jack, William et Averell, en référence aux célèbres bandits du Far West !

Ces quatre téléscopes portent des noms d'origine mapuche (Indiens qui peuplaient ces contrées, avant l'arrivée des conquistadores). Le premier se nomme *Antu*, ce qui signifie le Soleil ; le deuxième *Kueyen*, la Lune ; le troisième *Melipal*, la Croix du Sud ; et le dernier *Yepun*, Vénus. En pénétrant dans une des coupoles, un gigantesque téléscope nous fait face : son armature mesure 20 m de haut, 16 m de large et son miroir 8,20 m de diamètre ! Chacun des quatre télescopes étudie le ciel indépendamment des autres, mais les astronomes peuvent aussi choisir de les orienter dans la même direction. En combinant les résultats obtenus par un procédé qu'on appelle l'interférométrie, on obtient alors des images d'autant plus précises ! Ces télescopes sont utilisés pour observer les galaxies et les objets célestes lointains, ainsi que les systèmes planétaires en formation...

Le Soleil en détail

Il est midi, c'est l'été... Le Soleil est haut dans le ciel, jaune et brillant. Il darde ses rayons sur nous, illuminant le paysage et nous inondant de sa chaleur. Mais, qu'est-ce qui fait briller le Soleil ?

Un Soleil tout jaune...

Observé à l'aide d'un télescope, le Soleil présente une surface jaune, granuleuse et parfois tachetée de noir que l'on appelle la photosphère. Là, la température est de 5 800 °C. Les taches que l'on y observe, comme la granulation, sont les témoins de l'extrême agitation qui se produit dans les entrailles de notre étoile. En effet, ces taches correspondent aux régions de la photosphère où la température est moindre. La granulation peut être comparée à la surface d'une marmite d'eau bouillante : elle est le signe incontestable d'une violente activité interne.

Plongeon au cœur du Soleil

Si un valeureux explorateur, ne craignant ni la chaleur ni les radiations*, pouvait plonger au cœur du Soleil, il s'apercevrait tout d'abord que cet astre est constitué de gaz (essentiellement de l'hydrogène) et qu'il traverse différentes régions. Après avoir franchi l'atmosphère colorée du Soleil – la chromosphère ① – que l'on voit uniquement au moment des éclipses, il atteindrait la photosphère ②, la surface visible de notre Soleil. Puis notre intrépide voyageur traverserait une région d'intenses turbulences, où il serait pris dans de gigantesques rouleaux de matière : la zone convective ③... S'en extirpant, il serait ensuite confronté à la zone radiative ④, plus calme mais plus chaude, un courant de matière qu'il lui faudra remonter, jusqu'au noyau ⑤. Il conclurait peut-être de son voyage que le Soleil est une sorte de gigantesque oignon bouillonnant...

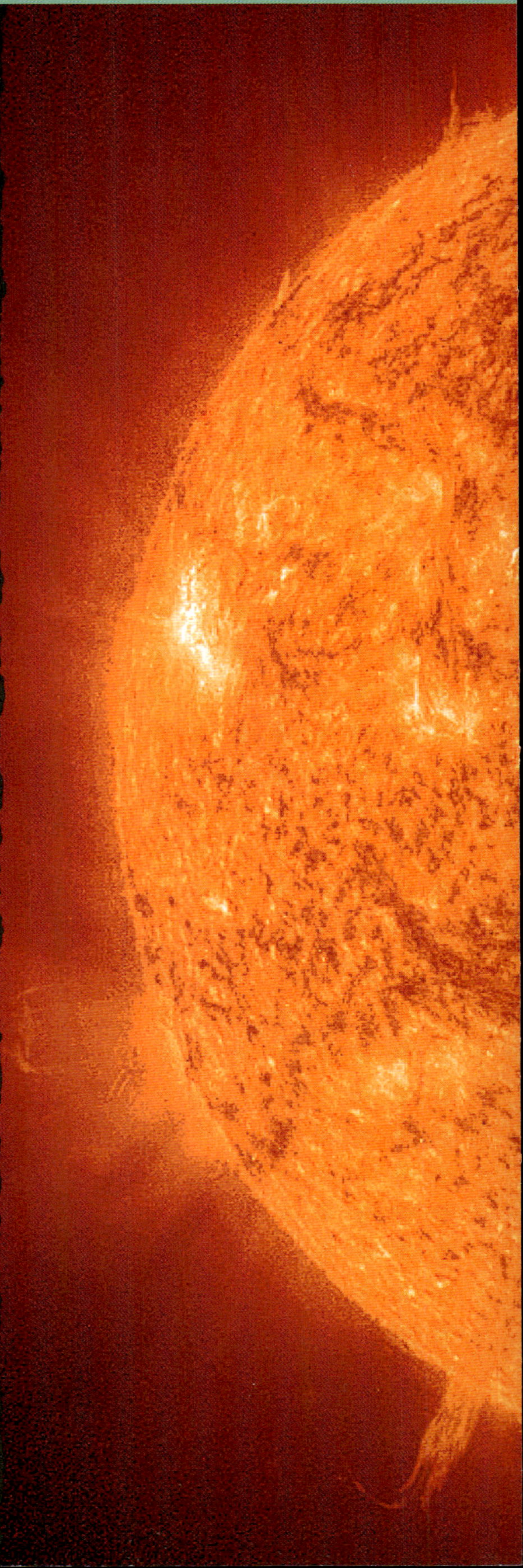

Le Soleil sur la balance

Le Soleil a un rayon égal à 109 fois le rayon terrestre, et une masse de deux mille millions de millions de millions de millions de tonnes... soit un 2 suivi de 27 zéros ! Et ce n'est qu'une étoile de taille et de masse moyennes... Ainsi, l'étoile Bételgeuse de la constellation d'Orion a un rayon environ 400 fois plus important, et pèse en tonnes 3,9 suivi de 26 zéros, soit 20 fois plus.

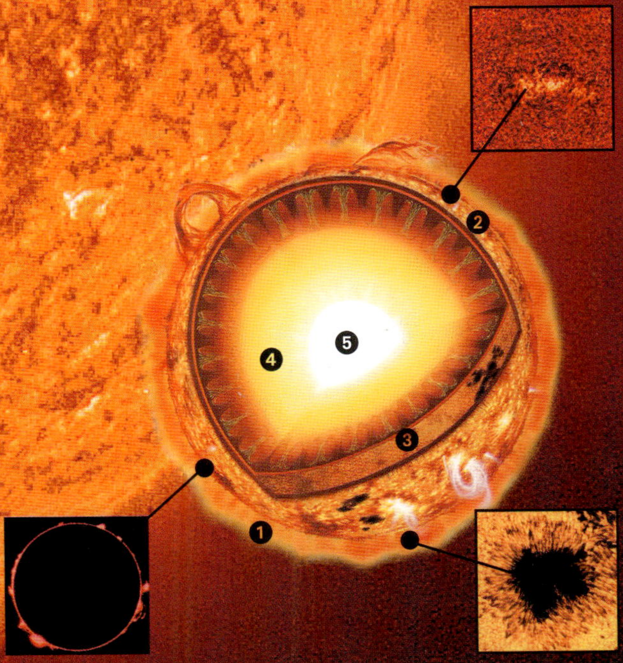

Le Soleil, ça rayonne !

Le Soleil est une boule de gaz, et aussi une machine à produire de l'énergie. Ces caractéristiques sont communes à toutes les étoiles...

Enquête au cœur du noyau... là où l'énergie est produite

Le cœur du Soleil abrite un noyau très lourd, constitué d'hydrogène bouillonnant, que l'on appelle magma. Il y fait extrêmement chaud : près de 15 millions de degrés Celsius ! À cette température, l'hydrogène se transforme en un autre gaz : l'hélium. Cette transformation – appelée réaction thermonucléaire – fait perdre au Soleil une incroyable quantité de matière, et libère en même temps beaucoup d'énergie. Car ces réactions thermonucléaires consomment chaque seconde près de 4 millions de tonnes de matière pour produire une énergie équivalente à 3,9 suivi de 26 zéros joules*, ce qui correspond à peu près à un million de fois la consommation d'énergie mondiale en une année ! Autrement dit : en une seule seconde, notre Soleil produit un million de fois plus d'énergie que la consommation planétaire annuelle.

Un voyage tourmenté !

• D'abord quitter le noyau...
Cette énergie, poussée par une force très importante, voyage des zones les plus chaudes du Soleil vers les moins chaudes, c'est-à-dire de l'intérieur vers l'extérieur. Depuis le noyau, elle traverse une zone radiative, où elle entre en collision avec la matière et continue de se propager vers l'extérieur.

• Embouteillage vers la sortie !
Cette énergie rencontre ensuite une zone que l'on appelle convective : la matière y forme des vagues semblables à celles de l'océan Atlantique... Elle est alors prise dans ces rouleaux et circule un moment sans pouvoir poursuivre son périple. Puis elle est expulsée et franchit plus aisément la photosphère, et la chromosphère.

• Enfin les grands espaces !
L'énergie est ensuite rayonnée vers l'extérieur du Soleil, notamment sous la forme de photons*, des grains de lumière que nous recevons sur Terre. Ce tumultueux voyage demande beaucoup de temps : un photon produit au cœur du noyau met plus de 20 millions d'années à atteindre la surface du Soleil ; puis, il ne lui faut que 8 minutes pour rejoindre la Terre ! Nous recevons alors sa lumière et sa chaleur qui ont conditionné l'apparition et le développement de la vie sur notre planète.

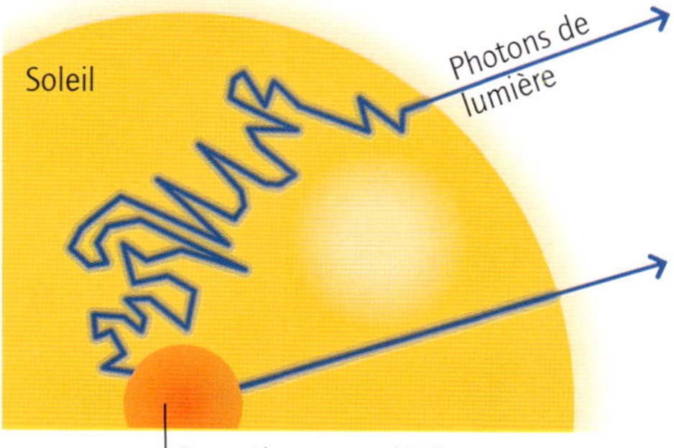

Dans le Soleil... comme aux cieux

Toutes les étoiles sont des soleils : elles sont toutes sphériques, et produisent de l'énergie grâce aux réactions thermonucléaires. Voilà pourquoi nous les voyons briller la nuit dans le ciel. En étudiant le Soleil, les astronomes comprennent donc mieux les mécanismes à l'œuvre dans les étoiles.

Attention, rayonnements méchants !

Si, à l'œil nu, nous ne percevons de l'énergie du Soleil que les rayons de lumière visible, ces derniers sont accompagnés d'autres rayonnements plus dangereux : les rayons UV qui nous bronzent la peau en été mais provoquent aussi des cancers, les rayons gamma, les rayons X... : toute une panoplie de rayons parfois nocifs (*voir chap. 6*) !

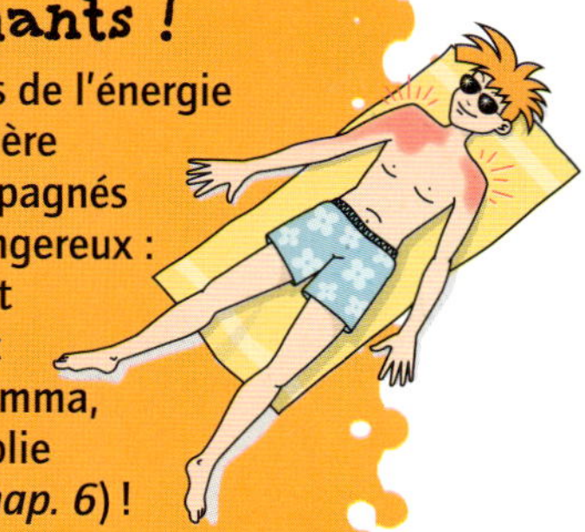

Des étoiles de toutes les couleurs

À l'œil nu, difficile de s'en apercevoir ! Toutefois, avec l'habitude ou en prenant une photo avec une longue exposition, certaines étoiles paraissent très blanches, d'autres bleutées, d'autres enfin plus rouges.

Nébuleuse du Cône

La couleur signe sa température...

Assez tôt dans l'histoire de l'astronomie, les savants se sont aperçus que la couleur des étoiles avait un lien avec leur température : plus une étoile est chaude, plus elle est bleue ; à l'inverse, plus une étoile est froide et plus elle est rouge.
Tu retrouves ce phénomène en regardant un feu dans une cheminée : à sa base, les flammes très chaudes sont bleues, et elles rougissent à mesure qu'elles s'élèvent et se refroidissent.

... et la température témoigne de son âge

De la même façon, il existe une correspondance entre la température et l'âge d'une étoile : plus une étoile est jeune, plus elle est chaude car, à ce moment-là de sa vie, elle produit beaucoup d'énergie.
Une étoile plus vieille produit moins d'énergie, elle est en quelque sorte “fatiguée” : elle est donc moins chaude. Observer la couleur d'une étoile permet d'en déduire son âge.
Si une étoile est très bleue, c'est qu'elle est jeune, tandis qu'une étoile rouge est âgée. Et les jaunes, comme notre Soleil ? De température intermédiaire, elles sont arrivées à peu près à la moitié de leur vie.

À la découverte de la spectroscopie

La science qui analyse la lumière émise par un corps est appelée spectroscopie. Elle permet de classer les étoiles et d'établir une sorte de portrait de la "société des étoiles". Outre l'âge, la spectroscopie sert aussi à définir la composition chimique d'une étoile, car tous les gaz dont elle est constituée ne produisent pas une lumière identique.

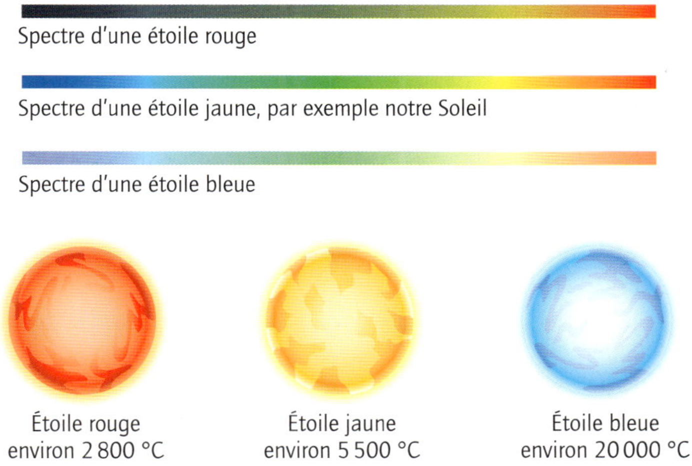

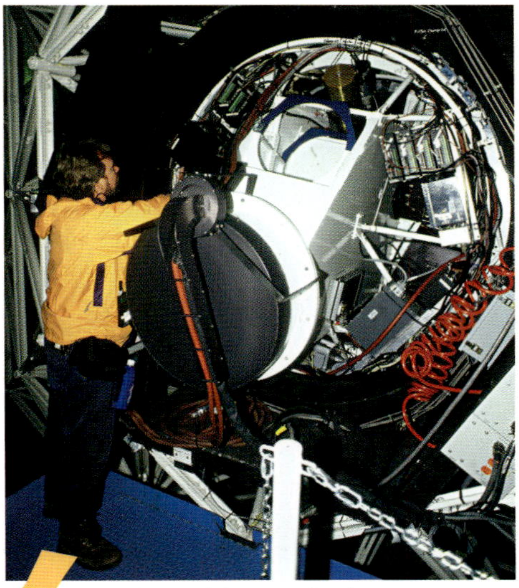

Spectrographe de l'observatoire de Mauna Kea.

La spectroscopie à la loupe...

La spectroscopie, appelée aussi "analyse spectrale", a été inventée en 1859 par les physiciens Kirchhoff et Bunsen. Pour étudier les étoiles avec ce procédé, les astronomes utilisent ce qu'ils appellent un spectrographe, un outil d'observation particulier qui permet de décomposer la lumière d'une étoile en différents rayonnements, (couleurs de l'arc-en-ciel et les lumières invisibles). On obtient un spectre, à l'intérieur duquel on repère des bandes sombres, signatures de la présence de composés chimiques particuliers.

Des berceaux pour bébés étoiles

Une nuit, contemplant un ciel sans nuage, tu repères sans doute des régions un peu floues, à l'aspect cotonneux... Ces régions sont des nébuleuses : elles vont abriter la naissance de nouvelles étoiles.

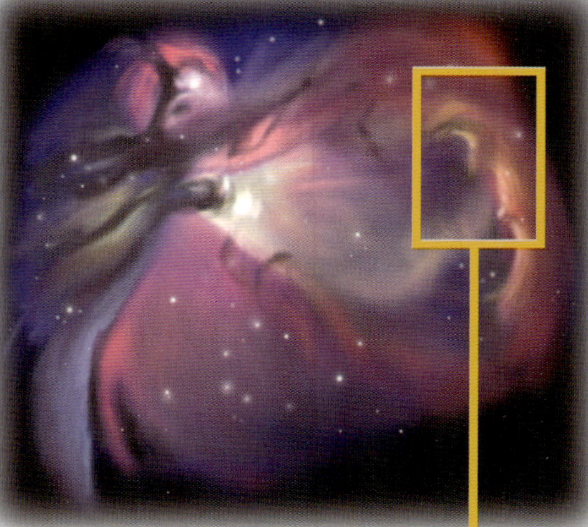

1. Les nébuleuses sont de grandes régions aux contours flous, constituées essentiellement de matière interstellaire, c'est-à-dire de gaz et de poussières. Certaines régions sont très denses, on les appelle des nuages moléculaires. C'est à partir de ces nuages moléculaires que des étoiles vont naître.

2. Sous l'effet de la gravitation, ce nuage se fragmente en morceaux, que l'on appelle des "protoétoiles". M. Gravité l'emporte sur M. Pression.

M. Gravitation et M. Pression

Ces deux forces, gravitation* et pression interne, s'opposent tout au long de la vie d'une étoile...

• **La gravitation** (ou gravité), c'est la force qui nous garde les pieds sur Terre, qui fait tourner les planètes autour du Soleil et la Lune autour de la Terre… C'est aussi elle qui entraîne tout objet que nous lâchons à tomber sur le sol. Tous les corps (blocs de roche, planètes, galaxies…) ont une influence sur leur environnement. Plus l'objet a une masse importante, et plus la force de gravitation qu'il engendre est grande. Au cœur des étoiles, cette force de gravitation est concentrée par le noyau qui attire à lui l'ensemble des gaz constituant l'astre.

• **La pression** interne est une force produite par la chaleur des gaz constituant l'étoile. Elle pousse les enveloppes gazeuses de cette dernière à s'échapper le plus loin possible de son cœur.

3. L'effondrement gravitationnel se poursuit. La densité* – c'est-à-dire le rapport entre la masse de la protoétoile et son volume – augmente et, avec elle, la température. La protoétoile devient très lumineuse et la contraction réchauffe tant le noyau qu'à l'intérieur de celui-ci les gaz se mettent à se transformer. Ainsi, l'hydrogène se transforme en hélium, en produisant de l'énergie : les réactions nucléaires sont enclenchées et, avec elles, la pression interne augmente, ce qui va contrebalancer la gravitation.

4. L'étoile est née ! Il ne lui reste qu'à sortir du cocon de matière qui a présidé à sa naissance : la pression fait s'écarter la matière alentour et l'étoile apparaît.

Pas une seule… mais plusieurs !

Les étoiles naissent rarement seules, mais plutôt par grappes, que l'on appelle amas. Dans le ciel d'hiver, tu repéreras facilement les Pléiades, un amas très connu situé au-dessus de la constellation du Taureau. Si à l'œil nu on ne distingue au plus que 11 étoiles, il y en a là près de 80 ! Nées toutes ensemble il y a juste quelques milliers d'années, elles sont très jeunes et brillent donc d'un éclat bleuté.

La vie d'une étoile : ça chauffe !

Cette centrale nucléaire qu'est l'étoile passe la majeure partie de sa vie à brûler la matière qui la constitue.

Produire de l'énergie

Lors des réactions thermonucléaires (*voir p. 52*), l'hydrogène présent dans le noyau de l'étoile se transforme en hélium. Cette transformation s'accompagne d'une libération d'énergie. C'est là la principale activité d'une étoile arrivée au stade adulte.

Un combat sans merci

Au cœur d'une étoile, deux forces sont en présence et se combattent. Imagine un ring avec, à ta gauche, la gravitation*, et à ta droite, la pression de l'énergie...

• La gravitation retient toutes les couches de l'étoile en place, les unes au-dessus des autres : le noyau, plus massif qu'elles, les attire, les poussant même à s'effondrer sur lui.

• La pression de l'énergie : une fois l'énergie produite, elle n'a de cesse de s'échapper vers l'extérieur, poussée par une force gigantesque qu'on appelle la pression interne (*voir p. 56-57*).

La douce vie du Soleil

Le Soleil, notre étoile, est né il y a environ 4,7 milliards d'années, au cœur d'un nuage moléculaire. Depuis, il brûle doucement son carburant, consommant environ 4 millions de tonnes de matière par seconde. Il est aujourd'hui arrivé à peu près à la moitié de sa vie...

Tout est question d'équilibre

La gravitation pousse les couches de l'étoile à s'effondrer sur le noyau, tandis que la pression interne les entraîne dans un mouvement d'expansion. Ces deux forces agissent donc en sens contraire, et maintiennent l'étoile dans une configuration naturelle d'équilibre : la sphère. Voilà pourquoi les étoiles sont rondes !

Amas d'étoiles situé dans la constellation du Cygne, à environ 800 années-lumière.

Un cœur au bord de l'étouffement...

Au cœur de l'étoile, les réactions thermonucléaires transforment l'hydrogène en hélium. À ce moment-là, l'étoile n'est pas assez chaude pour que l'hélium se transforme en un autre gaz. Aussi ce dernier s'accumule-t-il au cœur de l'étoile, comme le feraient des cendres dans un feu de cheminée.

... mais un cœur en fusion permanente

La fusion de l'hydrogène continue toujours, mais elle est un peu ralentie : la production d'hélium étant plus importante, le "combustible" hydrogène est moins facilement disponible. En conséquence, moins d'énergie est produite et le noyau de l'étoile se contracte un peu plus. Comme la contraction s'accentue, la température de l'étoile – et donc sa luminosité – ne cesse d'augmenter tout au long de sa vie, soit environ 10 milliards d'années.

Géante rouge : le début de la fin

Après quelques milliards d'années de combustion, une grande quantité de l'hydrogène présent dans l'astre s'est transformée en hélium. Un ultime combat s'engage alors, qui oppose la gravitation* à la pression interne une dernière fois...

Premier round
Au cœur de l'étoile, l'hélium s'accumule toujours, sous forme de "cendres". Sous l'effet de cette masse, le noyau stellaire continue à s'effondrer sur lui-même. La gravitation l'emporte donc sur la pression interne.

Deuxième round
Conséquence de cette contraction : la température augmente, et la transformation de l'hydrogène s'accélère dans les couches supérieures de l'étoile, entraînant une production accrue d'énergie... La pression interne devient si forte que l'ensemble de l'étoile se met à gonfler.

Victoire de la pression interne par KO !

Le rayon de l'étoile augmente, la gravitation ne peut plus retenir les gaz dans sa sphère, lesquels sont expulsés, soufflés par le vent stellaire. L'étoile va en grossissant, et parce que sa taille augmente, sa température diminue. Elle change alors de couleur : elle vire au rouge et devient une géante rouge.
La mort de l'étoile approche...

Une mort annoncée

Le Soleil s'éteindra de cette façon : son rayon augmentera tant et tant, que la géante rouge qu'il sera devenu avalera l'ensemble des planètes du système solaire. Il fera alors bien chaud pour les Terriens ! Les océans se mettront à bouillir, la Terre deviendra inhabitable. Mais pas de panique, ce n'est pas pour demain : un tel phénomène aura lieu dans environ 5 milliards d'années !

Quand une étoile s'éteint...

Ce qui reste après l'expulsion de l'ensemble des couches superficielles de l'étoile est appelé une "nébuleuse planétaire". Il en existe de toutes formes et de diverses couleurs, donnant à l'univers l'aspect d'une toile de peintre.

Le cœur de l'étoile s'est concentré en ce que l'on appelle une "naine blanche", qui va refroidir puis s'éteindre. Dans un premier temps, les enveloppes gazeuses de l'étoile s'étendent dans l'espace. On repère alors leurs multitudes de couleurs car elles sont éclairées par le noyau de l'astre...

Nébuleuse planétaire de l'Œil-de-chat
Cette nébuleuse planétaire fut une des premières observées. Il semblerait que l'étoile expulse sa matière petit à petit, par vagues successives.

Nébuleuse planétaire du Rectangle rouge
L'étoile a sans doute commencé à éjecter ses couches superficielles, il y a 14 000 ans. On peut observer cet astre dans la direction de la constellation de la Licorne, à une distance d'environ 2 300 années-lumière de la Terre.

Nébuleuse planétaire de la Rétine
L'étoile a ici éjecté ses couches superficielles dans deux directions différentes. En regardant précisément cette photo, on repère que la matière est comme tressée en un fin réseau.

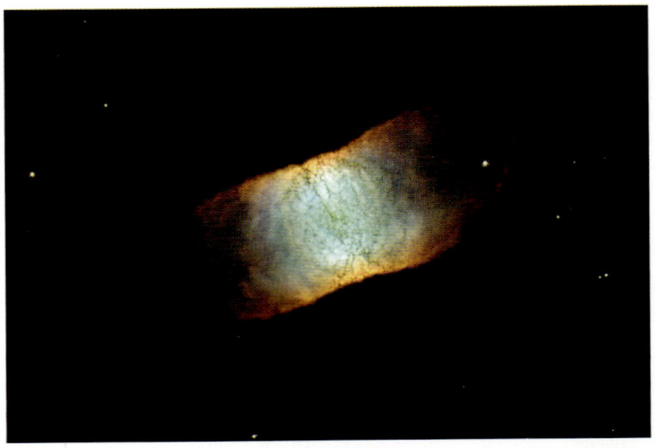

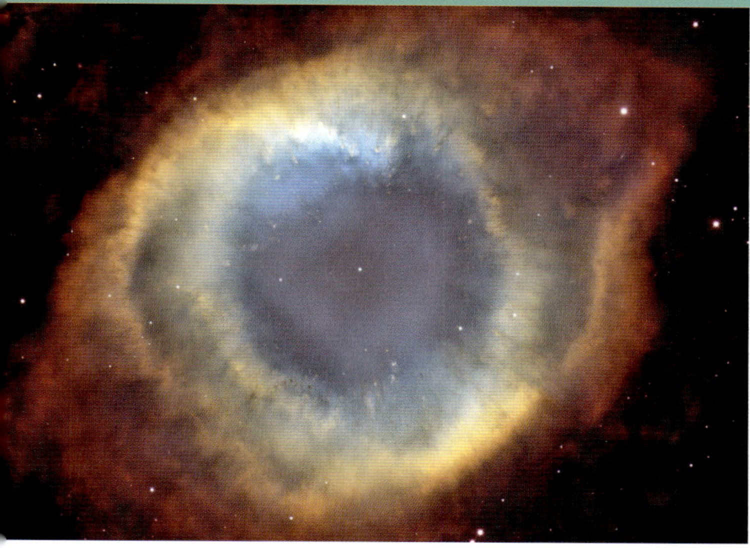

Nébuleuse planétaire Hélix
Cet objet céleste est visible dans la direction de la constellation du Verseau, à une distance d'environ 650 années-lumière. On repère assez facilement l'étoile centrale, qui a éjecté l'ensemble de ses enveloppes de gaz : celles-ci forment maintenant un anneau coloré de matière.

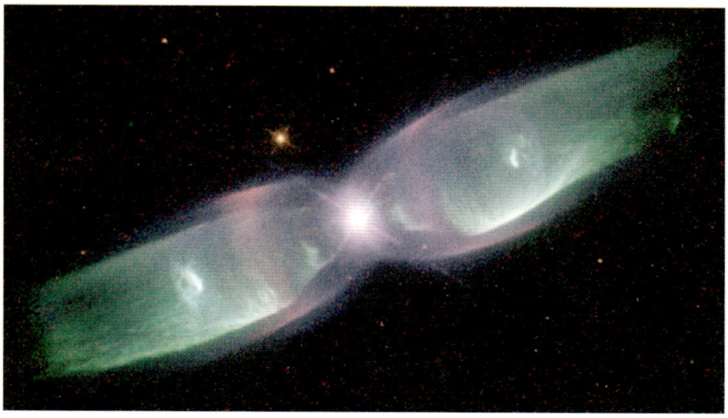

Nébuleuse planétaire Twin jet
L'étoile a débuté ce stade de nébuleuse planétaire, il y a environ 1 200 ans. Depuis, l'éjection de matière est très rapide. On peut observer ce corps céleste dans la direction de la constellation d'Ophiucus, à 2 100 années-lumière de la Terre.

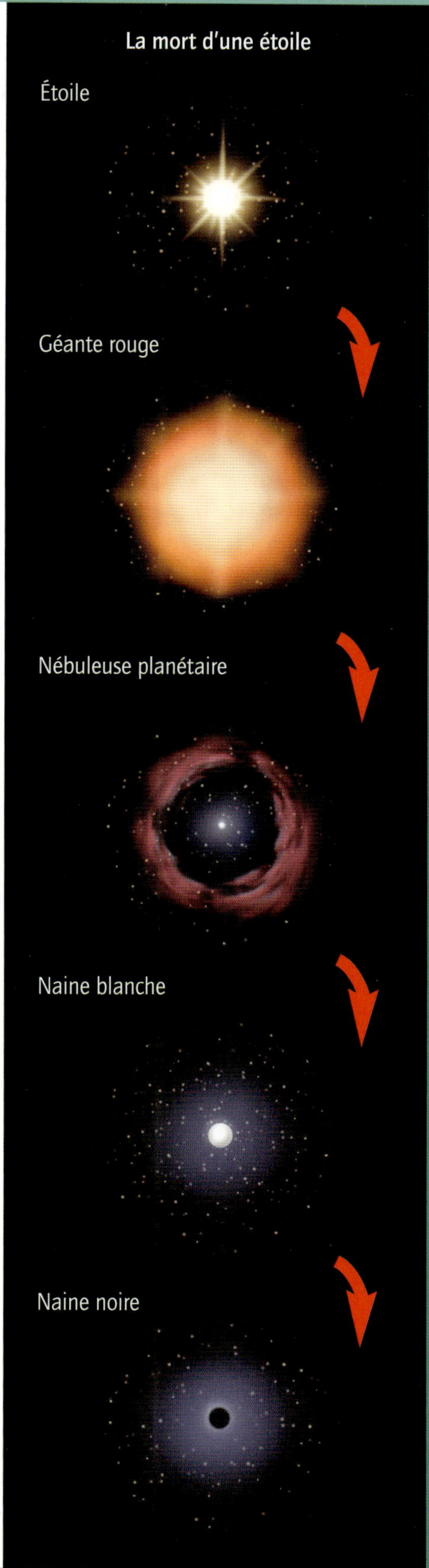

Plus tard, lorsque le noyau se sera éteint, les couches superficielles de l'étoile ne seront plus éclairées par lui, elles seront invisibles mais continueront à se diluer. Elles viendront toutefois enrichir le milieu interstellaire de leurs constituants... ceux-ci seront incorporés dans des nébuleuses, d'où naîtront de nouvelles étoiles...

Le sort des grosses étoiles

Le scénario décrit dans les pages précédentes sur les étoiles de faible masse est à revoir lorsqu'on s'intéresse aux étoiles très massives. Là, l'issue du combat est bien différente !

Une vie plus courte

Les étoiles très massives (de six à huit fois la masse du Soleil) brûlent très rapidement leur hydrogène, en produisant de l'hélium. L'hélium se transforme ensuite en un autre gaz, qui lui même se transforme en un autre gaz, qui lui-même… jusqu'à ce que le noyau ne contienne plus que du fer.

Le refus du fer

Le fer, quant à lui, ne peut pas se transformer en quoi que ce soit d'autre. C'est le dernier maillon de la longue chaîne des réactions thermonucléaires. Celles-ci s'arrêtent alors, faute de carburant et il n'y a plus d'énergie produite. La pression interne est, par conséquent, inexistante.

La revanche de la gravitation

Sous l'effet de la gravitation, qui n'est plus bridée par la fameuse pression interne, l'étoile s'effondre sur elle-même : en effet, les couches entourant le noyau tombent sur celui-ci. Tout se contracte et s'écrase au cœur de l'étoile.

Un violent rebondissement

Alors, c'est le choc : lorsque toute cette matière frappe le noyau, elle rebondit dessus et est éjectée vers l'extérieur à grande vitesse. Les couches externes de l'étoile explosent : la luminosité augmente violemment puis décroît tout aussi rapidement : on appelle cela une supernova.

Explosion d'une supernova.

Rémanents d'une supernova.

Une fin rapide et brutale !

Ne reste alors de l'étoile que ses "rémanents" : ses enveloppes, de longues draperies de gaz aux couleurs chatoyantes. Le cœur de l'étoile devient une étoile à neutrons, ou un trou noir. Un trou noir est un corps hyper dense où la gravitation s'en donne à cœur joie : il courbe l'espace autour de lui, attire tout corps qui passe à proximité, et le capture... C'est d'ailleurs de là que provient son nom de "trou noir" : la lumière "tombée" dedans n'en ressort plus jamais (*voir chap.* 6) !

La première supernova observée

En 1054, les Chinois observent une nouvelle étoile dans la constellation du Taureau. Celle-ci reste visible pendant plusieurs jours, puis disparaît mystérieusement. Aujourd'hui, on peut admirer un de ses restes : la nébuleuse du Crabe. Toutefois, les supernovae sont peu fréquentes, et les astronomes n'en observent que rarement dans notre galaxie. La dernière fut mentionnée au XVIe siècle.

La mort d'une étoile massive

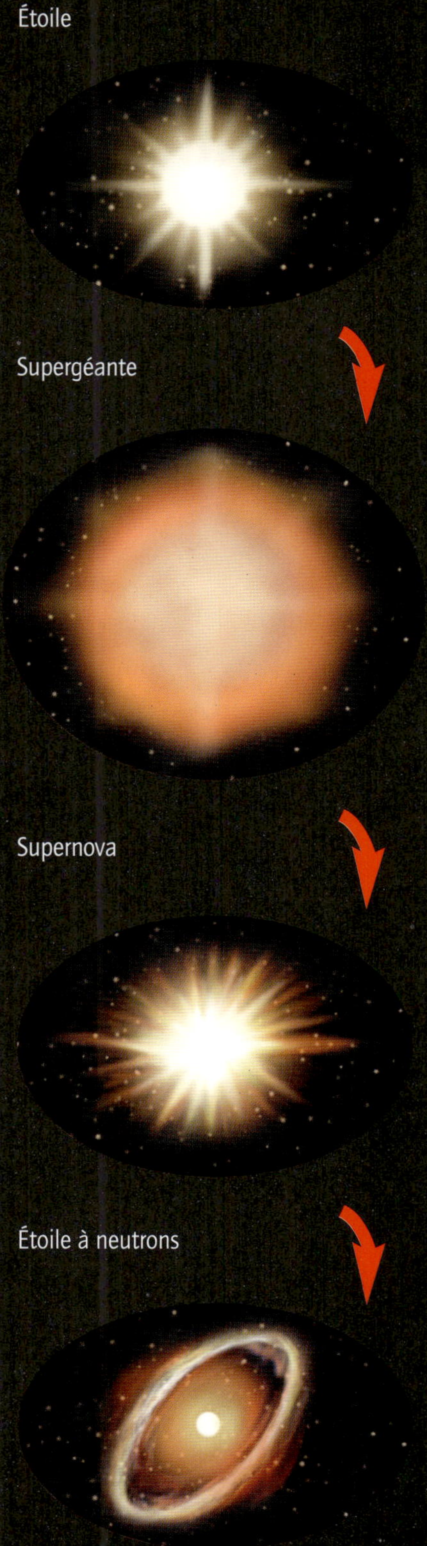

Quitter la Terre

À force d'observer le ciel, le grand curieux qu'est l'homme s'est mis à rêver d'envoyer des objets vers ces fascinants territoires. Mais comment lancer les fusées et leurs étonnants passagers sur les routes spatiales ? Et à quoi servent ces objets qui parcourent les vastes espaces célestes ?

Bon voyage, monsieur Météo !

Le 21 décembre 2005, sur la base de Kourou en Guyane, c'est le jour J pour le vol V169 qui doit emporter le satellite européen de météorologie *MSG2* et le satellite indien de télécommunication *INSAT 4A*.

Septembre
Tandis que les équipements des satellites sont intégrés dans les salles blanches, les éléments du lanceur *Ariane 5* sont réalisés en divers points du territoire européen. Pour atteindre Kourou, ils traverseront l'Atlantique en bateau, et les satellites les rejoindront en Guyane par avion.

8 décembre
Dans le "Bâtiment d'Intégration des Lanceurs" ont lieu l'érection et l'assemblage du lanceur. Puis, à partir du 14 décembre, dans le "Bâtiment d'Assemblage Final", c'est le montage des satellites sur le dernier étage de la fusée et le remplissage des premiers réservoirs.

21 décembre à Kourou
Le jour J commence par le transfert d'*Ariane* et de sa table de lancement vers la zone ELA 3. C'est un objet de 50 m de haut et de 1 500 t qui est tracté sur des rails, puis installé sur le pas de tir. Là, on remplit les réservoirs d'ergols* non stockables.

10 h 33
Les différents paramètres du vol sont contrôlés depuis la salle Jupiter 2, située à 10 km de la zone de lancement. C'est aussi dans cette salle, derrière une vitre, que les invités et les journalistes pourront suivre le lancement, le pas de tir étant, bien sûr, évacué avant le décollage.

19 h 26 à Kourou,
22 h 26 (temps universel, TU*)
Sept minutes avant le décollage, la séquence de fonctionnement automatique du lanceur commence. Aucune intervention humaine ne sera plus possible, sauf cas extrême : la destruction de la fusée.

22 h 33 TU
3, 2, 1, 0 c'est parti ! L'allumage du moteur principal *Vulcain* puis, 7 secondes plus tard, la mise à feu des "Étages d'Accélération à Poudre", déclenchent le décollage : le lanceur de 750 t s'élève droit dans le ciel.

22 h 35 min 20 s TU
Largage au-dessus de l'océan des propulseurs latéraux qui ont brûlé leurs 237 t de poudre en 2 minutes. Ils ont fourni la poussée nécessaire pour arracher la fusée du sol.

22 h 36 min 16 s TU
Largage de la coiffe. À 110 km d'altitude, le lanceur est sorti de l'atmosphère dense, les satellites n'ont plus besoin de protection, *Ariane* va pouvoir incliner sa trajectoire et poursuivre sans ralentissement son accélération autour de la Terre.

22 h 42 min 43 s TU
Largage de l'étage principal. Durant ses 9 minutes de fonctionnement, il a brûlé les 150 t d'ergols contenues dans ses réservoirs.
Le moteur de l'étage supérieur se met alors en marche pour 18 minutes supplémentaires.

23 h 01 min TU
Séparation de *MSG2* à 800 km d'altitude, puis injection d'*INSAT 4A* sur son orbite. La mission du lanceur est terminée. Elle a duré moins de 28 minutes, juste le temps d'un repas de cantine !

Mise à poste du satellite

Orbite de transfert

Cette orbite, de nom de code GTO pour *Geostationary Transfert Orbit*, a la forme d'une ellipse (un ballon de rugby). Le lanceur a injecté *MSG2* à son périgée, le point le plus proche de la Terre à environ 600 km d'altitude. La vitesse acquise par le satellite va l'amener à graviter naturellement sur cette orbite jusqu'à son apogée, à 36 000 km environ de la Terre.

Manœuvres de circularisation

Après une ou deux orbites, commencent les manœuvres de circularisation : quand le satellite se trouve au plus loin de la Terre, on allume un moteur d'apogée qui l'accélère, dans le but d'élargir régulièrement son orbite.

Orbite géostationnaire

Enfin, il atteint une orbite circulaire (de la forme d'un ballon de football) à 36 000 km de notre planète : c'est l'orbite géostationnaire, de nom de code GEO pour *Geostationary Earth Orbit*.

Mise à poste

Il ne reste plus qu'à faire glisser *MSG2* sur l'orbite géostationnaire, grâce à de petites impulsions données par ses moteurs d'attitude, pour le positionner à 6,5° de longitude ouest, face à l'Europe. Le 28 décembre 2005, une semaine après le lancement, le centre de contrôle de ce satellite de météorologie européen active les instruments embarqués ; le premier signal en provenance de *MSG2* est reçu par l'équipe chargée des tests.

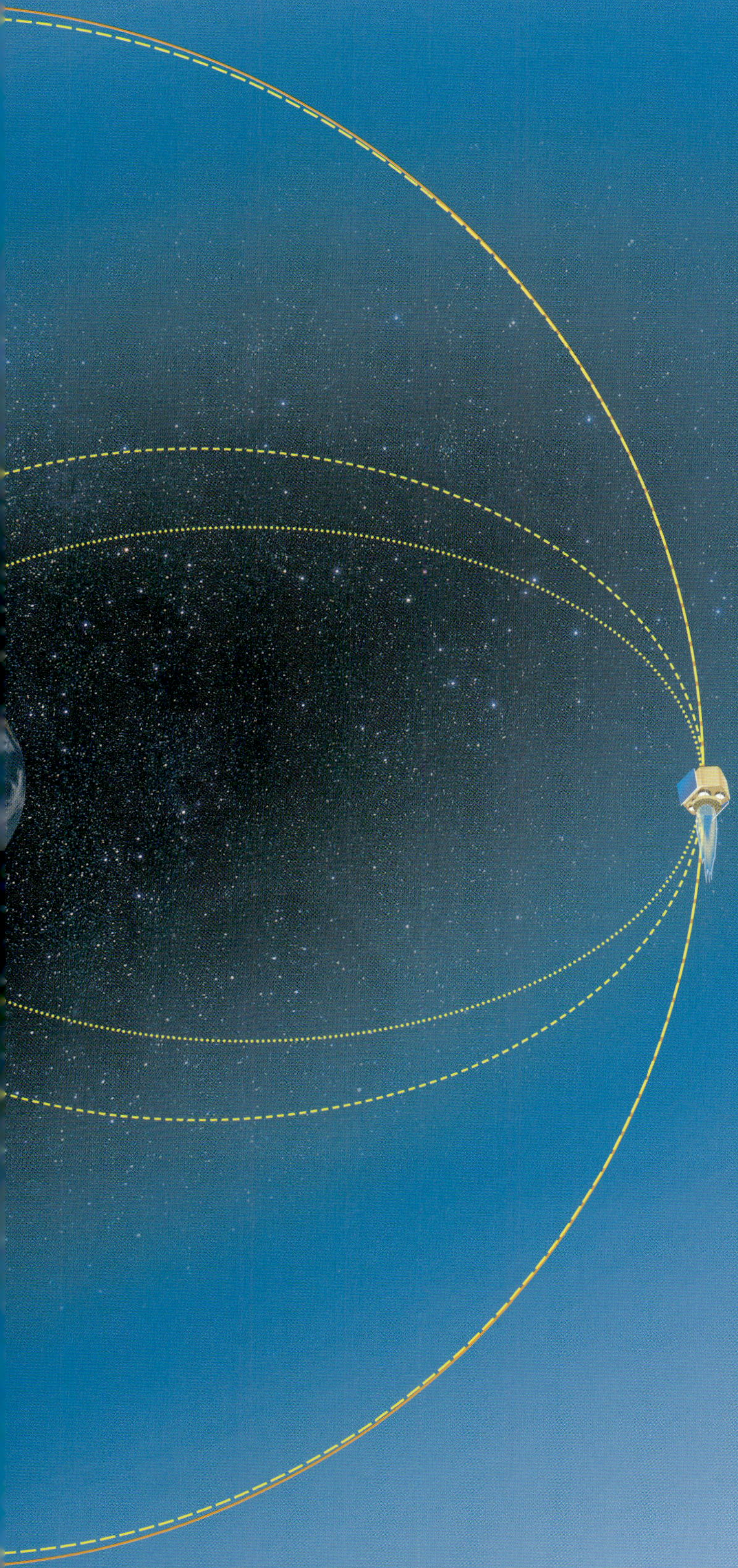

24 janvier 2006 : première image !
Plus gros et plus puissants que leurs prédécesseurs, les satellites *MSG* (*Meteosat Seconde Génération*) permettent d'obtenir des images tous les quarts d'heure, et non plus toutes les demi-heures comme avec les précédents *Meteosat*, ainsi que dans un plus grand nombre de longueurs d'onde. Ils facilitent donc les prévisions à court terme et la surveillance des phénomènes météorologiques à développement rapide comme la neige, le brouillard et les orages. *MSG2* est opérationnel depuis l'été 2006.

Le suivi de la mise à poste

La surveillance pendant le lancement est assurée depuis le centre spatial de Kourou, puis par différentes stations de suivi radio réparties autour du globe. Les informations recueillies pendant toute la phase de mise à poste sont centralisées par l'ESOC, le Centre de contrôle opérationnel de l'Agence spatiale européenne.

Quitter le sol : une quête ancienne

L'homme a toujours voulu partir, aller plus loin que le pas de sa porte. Après les terres et les mers, c'est le ciel que les plus intrépides rêvent de conquérir. Pour s'élever au-dessus du sol, les ingénieurs ont construit toutes sortes de ballons, d'avions… et d'engins volants !

Premiers envols

Dès la préhistoire, l'homme est décrit comme un grand voyageur. C'est certainement sa curiosité insatiable qui a été le moteur des plus grandes étapes du développement technologique. Observant dans le ciel le vol des oiseaux, nos ancêtres se sont pris à rêver de voyager comme eux, comme en témoigne le mythe antique d'Icare. Ce jeune Grec, évadé avec son père du labyrinthe de Minos grâce à des ailes de plumes et de cire, se serait approché si près du Soleil que la cire qui retenait les plumes aurait fondu et qu'il serait tombé dans la mer.

Premiers vols… en ballon

Quelques siècles plus tard, ayant découvert les propriétés de l'air chaud, les frères de Montgolfier construisent des… montgolfières. En chauffant l'air contenu dans l'enveloppe d'un ballon, celui-ci, plus léger que l'air froid environnant, s'élève dans le ciel. Le ballon soulève une nacelle, un panier d'osier dans lequel prennent place les voyageurs, des animaux pour les premières expériences. Le 21 novembre 1783, pour la première fois, le Français Pilâtre de Rozier s'installe dans un de ces aérostats. S'ils maîtrisent à peu près leur altitude, les premiers aérostiers doivent en revanche se laisser porter par les vents et ne peuvent choisir leur direction.

Premier vol de la montgolfière, en 1783, en présence du roi Louis XVI.

Des ballons dirigeables

Le premier vol en dirigeable de Gaston Tissandier a lieu en 1882. Par la suite, les zeppelins, sorte de cigares géants à structure rigide gonflés à l'hydrogène, transportent jusqu'à une centaine de passagers dans une nacelle fermée, voyageant entre 400 et 1 200 m d'altitude, et parfois même lors de vols transatlantiques. Malheureusement, ce gaz est très inflammable et l'explosion du *Hindenburg* en 1937 met fin à l'exploitation de ce moyen de transport aérien.

Un zeppelin, au-dessus de l'oasis de Farafah (Égypte).

Rêves de vol

Bien avant que l'homme ne quitte le sol, les écrivains ont rêvé de l'envoyer dans le ciel ! À l'époque de Jules Verne, ses drôles de machines volantes relevaient de la science-fiction ; tout comme Hergé, qui a embarqué Tintin et ses compagnons pour *Objectif Lune* 15 ans avant que Neil Armstrong n'y fasse son célèbre premier pas ! Qui sait si l'humanité rejoindra un jour Luke Skywalker dans l'un de ses célèbres vaisseaux intergalactiques ?

Le plus lourd que l'air

Dès 1856, le Français Jean-Marie Le Bris s'élève en planeur au-dessus d'une plage bretonne (*photo ci-contre*). Trente ans plus tard, l'industriel et ingénieur allemand Otto Lilienthal s'élance du haut d'une colline équipé d'ailes en rotin recouvertes de tissu. Devenu expert de ce type de vols, il est capable de contrôler sa direction et d'atteindre des distances de 300 m.
Ses observations seront utilisées par les frères Wilbur et Orville Wright qui réussiront le premier vol en avion en 1903 : en fait, un saut de puce de quelques mètres !
Puis, en mai 1927, c'est la première traversée de l'Atlantique (en 33 h) par Charles Lindbergh à bord du *Spirit of Saint Louis*. Enfin, le 14 octobre 1957, Chuck Yeager franchit pour la première fois le "mur du son" en volant à 1 297 km/h (Mach 1,06, c'est-à-dire 1,06 fois le mur du son) à bord du *Bell X-1*.

Quitter la Terre : une question de vitesse

Après avoir appris à fabriquer "des objets qui volent", l'homme a voulu fabriquer des objets qui ne retombent pas sur Terre. Comment explorer l'espace, comment faire pour qu'un objet se mette en orbite autour de la Terre, ou s'éloigne d'elle à tout jamais ?

Encore des ballons...

Si l'on frappe dans un ballon, il s'envole, décrit une trajectoire courbe et retombe sur le sol : tous les footballeurs et les rugbymen, professionnels ou amateurs, le savent ① ! Pour que le ballon retombe plus loin, il faut taper plus fort. Et plus on tape fort, plus le ballon va vite ; il suffit d'avoir tenté un jour de bloquer le tir d'un champion pour s'en rendre compte ! Mais comment faire pour que le ballon aille si loin qu'il ne retombe pas ? Il faut trouver un lanceur qui le propulse tellement vite qu'il continue indéfiniment à tomber derrière l'horizon ②, là où dans sa chute il ne rencontrera plus le sol puisque la Terre est ronde.

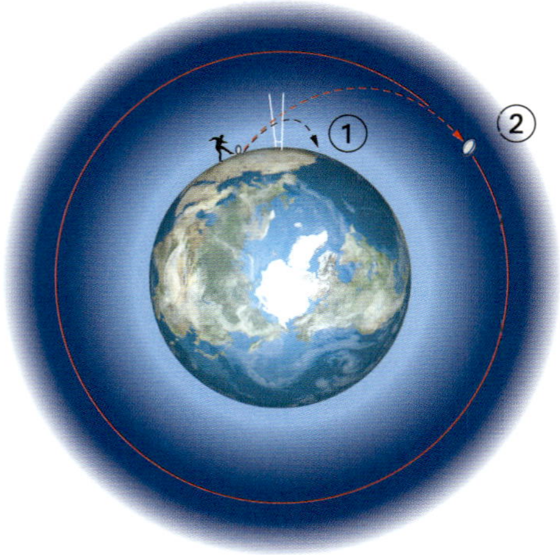

... puis des satellites...

Cette vitesse nécessaire pour mettre un objet en orbite s'appelle la vitesse de satellisation (notée Vs par les scientifiques). C'est celle qui compense exactement l'attraction* que la Terre exerce sur lui. Cette vitesse de satellisation varie donc selon la distance à laquelle l'objet se trouve de la Terre. Tout objet lancé à cette vitesse dans la bonne direction deviendra naturellement un satellite de la Terre, c'est-à-dire qu'il poursuivra continuellement sa chute autour de notre planète. À condition, bien sûr, que rien ne vienne ralentir sa course, c'est-à-dire qu'il soit sorti de l'atmosphère dans laquelle le frottement de l'air le freinerait irrémédiablement.

... et des sondes

Si l'on dispose d'un propulseur encore plus puissant, on peut donner une vitesse encore plus grande à notre objet, au point que celui-ci échappe totalement à l'attraction terrestre et s'éloigne à travers le système solaire vers d'autres horizons. La vitesse nécessaire pour que l'objet devienne une sonde s'appelle vitesse de libération (notée Vl). Il faut remarquer que si vitesse de satellisation et vitesse de libération dépendent de l'altitude, elles ne dépendent pas de la masse de l'objet (de toute façon négligeable par rapport à la masse de la Terre). En revanche, plus l'objet est lourd, plus il faut d'énergie pour lui faire atteindre cette vitesse.

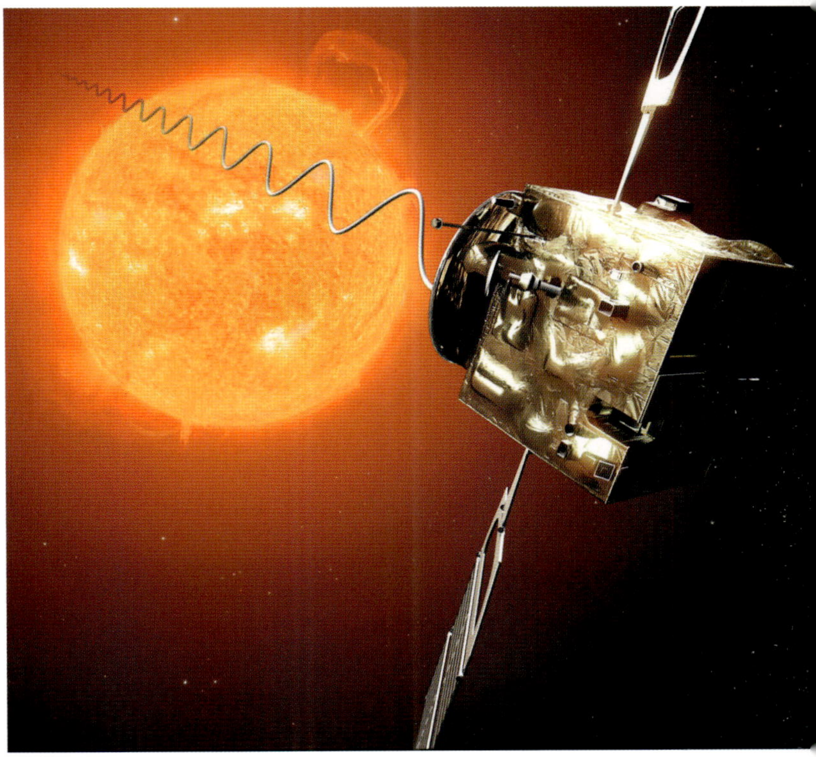

Les vitesses de satellisation.

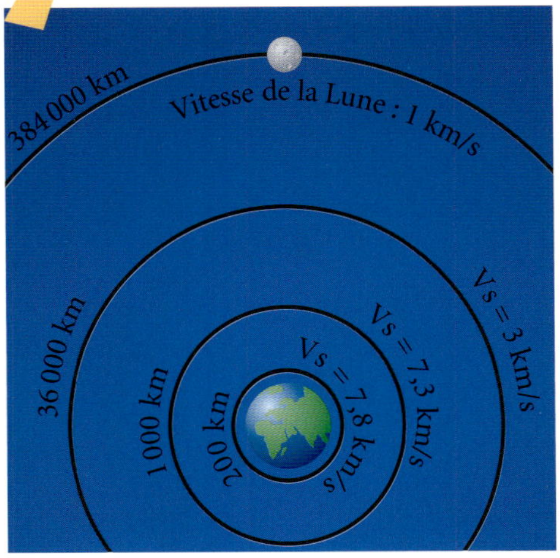

Du propulseur préhistorique au lanceur moderne

La première fois que l'homme a eu besoin de prolonger son bras pour lancer un objet vite et loin, c'était pour la chasse. Une sagaie projetée plus vite permettait d'atteindre bouquetins ou mammouths de plus loin, avec plus de précision, donc plus de sécurité.
De cette nécessité sont aussi nés les premiers arcs, mais l'ère moderne avec ses moteurs a permis l'avènement de lanceurs bien plus performants.

Lanceur	Projectile	Vitesse (km/h)
main de l'homme	boomerang	70
propulseur	sagaie	100
arc	flèches	350
carabine	balles	3 500
Ariane 5	Satellite *MSG2*	11 000
Atlas 5	Sonde *New Horizons*	57 700

Destination espace

Le rameur appuie sa rame sur l'eau pour faire avancer sa barque. L'hélice des premiers aéronefs s'appuie sur l'air pour propulser ballons et avions. Mais dans le vide spatial, les lanceurs ne disposent ni d'eau ni d'air pour appuyer leur accélération. Au début du XXe siècle, on cherche donc un mode de propulsion totalement indépendant du milieu extérieur et qui permettra d'accélérer dans le vide pour atteindre la vitesse de satellisation.

Action – réaction

Si l'on observe un canon qui tire un boulet, on peut constater que lors de l'éjection du projectile, il se produit un phénomène de recul du canon vers l'arrière. C'est vrai aussi pour un fusil qui repousse en arrière l'épaule du chasseur lors du tir. En fait, l'action de lancer de la matière dans un sens provoque, par réaction, le recul de l'appareil qui a éjecté cette matière. Plus la masse de matière projetée est grande, plus la réaction de recul est forte.

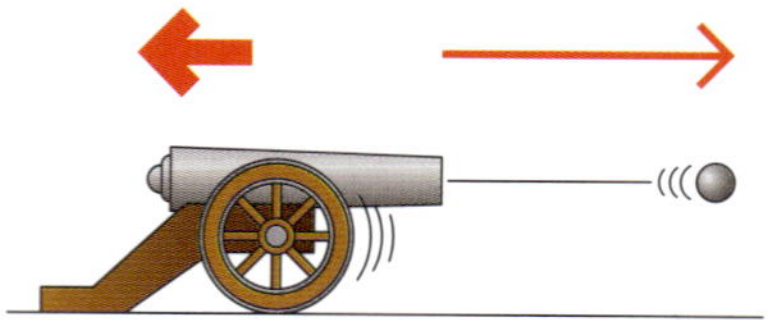

Démonstration : la barque… à réaction

Pour démontrer l'efficacité en matière de propulsion du phénomène d'action-réaction, un des fondateurs de l'astronautique moderne, Konstantine Tsiolkovski, se livra à une expérience étonnante. S'étant rendu à bord d'une barque au milieu d'un étang, il jeta les rames, puis lança des pierres dans la direction opposée à celle de la rive ! Par réaction, la barque se dirigea vers la rive.

Fusées d'artifice

Depuis l'Antiquité, le phénomène d'action-réaction est utilisé pour lancer des fusées à poudre. Les Chinois les utilisent d'abord pour leurs feux d'artifice qui deviendront célèbres à travers le monde. Puis on en fait une utilisation guerrière : ces fusées servent à effrayer les ennemis ou à incendier les positions adverses. Mais elles ont une faible portée et utilisent l'oxygène de l'air pour brûler leur poudre.

Brûler dans le vide

Pour fonctionner, un moteur-fusée éjecte des gaz dans la direction opposée à son déplacement. Ceux-ci sont produits par la combustion de son carburant. Mais le carburant ne peut pas brûler seul, il a besoin d'un comburant qui lui apporte de l'oxygène. Dans la plupart des combustions courantes, feu de bois ou moteur de voiture, l'air ambiant fournit l'oxygène nécessaire. En dehors de l'atmosphère terrestre, les fusées doivent emporter avec elles leur comburant. On appelle "ergols*" ces produits, carburant et comburant, nécessaires au fonctionnement des moteurs-fusées. C'est l'Américain Goddard (*photo ci-contre*) qui, avec son équipe, construit et lance, le 16 mars 1926, la première fusée expérimentale à ergols liquides.

Le principe du moteur-fusée est resté le même malgré les améliorations technologiques apportées depuis pour en augmenter le rendement, la puissance et la précision : une chambre de combustion évacue des gaz accélérés par une tuyère*, c'est l'échappement de ces gaz (action) qui propulse la fusée dans l'autre sens par réaction ! Et ça marche même dans le vide !

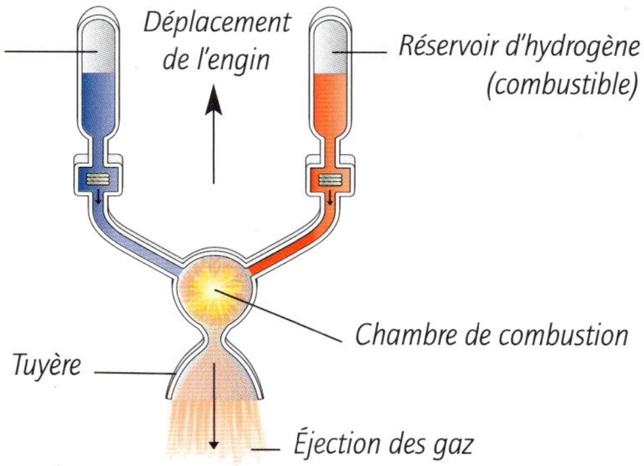

Du missile au lanceur

Au milieu du XXe siècle, c'est de nouveau la guerre. L'armée allemande charge Wemher von Braun – un jeune ingénieur qui rêve de construire une fusée pour aller sur la Lune – d'inventer un missile à longue portée. C'est ainsi que les fameux *Vergelstungswaffen* V1 et V2 (*photo ci-contre*) verront le jour, assemblés dans des conditions épouvantables par les prisonniers dans l'usine de Mittelwerk, et déclencheront l'enfer sur les villes alliées. À la fin de la guerre, les vainqueurs russes et américains, convaincus de l'importance stratégique des missiles balistiques intercontinentaux, se partageront "cerveaux" et installations. Tous les lanceurs construits depuis sont issus de ces missiles.

Spoutnik et les autres

Vaincre la gravité terrestre, traverser l'atmosphère, atteindre l'espace et y déposer un objet artificiel capable d'améliorer le regard de l'homme sur sa planète et sur l'univers. Depuis quand avons-nous les moyens de réaliser cet exploit ?

Missile ou fusée ?

À la fin de la Seconde Guerre mondiale, en 1945, deux grandes puissances sortent victorieuses du conflit : les États-Unis et l'Union soviétique (URSS). Toutes deux utilisent la technologie militaire développée par les Allemands (en particulier les missiles V2, *voir p. 77*), pour créer des missiles intercontinentaux capables d'intimider les adversaires. Dans le même temps, une partie de ces missiles est transformée pour atteindre un autre objectif : l'espace. C'est le début des fusées spatiales…

En 1933, S. Korolev et son équipe tentent le lancement d'une fusée à propulsion liquide.

Sergueï Korolev est le "père" de la conquête spatiale russe. Son nom est resté secret jusqu'à sa mort en 1966.

"Bip-bip"

Dès 1955, les Américains, comme les Soviétiques, prévoient d'envoyer dans l'espace un satellite artificiel à l'aide d'une fusée. La course vers la puissance et la gloire commence ! Grâce à l'ingénieur russe Sergueï Korolev, le 4 octobre 1957 à 22 h 48 (heure de Moscou), une fusée de 267 t décolle depuis le cosmodrome de Baïkonour : moins de 6 minutes plus tard, le satellite *Spoutnik* (qui signifie "compagnon de voyage") tourne autour de la Terre.

Il s'agit d'une boule, de 58 cm de diamètre pour 83,6 kg, emportant deux émetteurs radio. L'URSS a gagné le pari et les "bip-bip" du satellite reçus sur Terre restent à jamais célèbres. Les Américains, eux, réussissent l'exploit plus tard, le 31 janvier 1958, avec leur premier satellite de 14 kg : *Explorer 1*. L'espace devient un des terrains de la grande bataille qui oppose les États-Unis à l'URSS pendant de longues années.

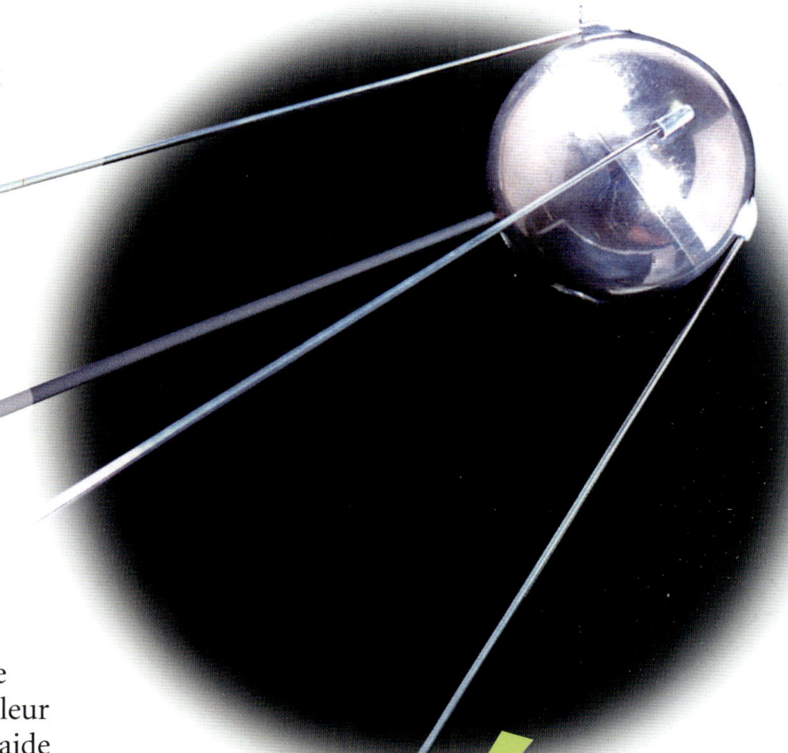

Lancé le 4 octobre 1957, *Spoutnik* a brûlé dans l'atmosphère trois mois plus tard, le 4 janvier 1958.

L'après *Spoutnik*

Dès 1960, dans ce contexte de guerre froide, les deux nations profitent de leur accès à l'espace pour s'espionner à l'aide de satellites de reconnaissance. En tournant autour de la Terre, ils peuvent – encore aujourd'hui ! – surveiller tous les pays en toute discrétion, et prendre des photographies. Ensuite, les satellites évoluent et deviennent l'outil indispensable aux militaires mais aussi et surtout aux industriels et aux scientifiques. Ils sont très nombreux à relayer nos télécommunications (téléphonie, navigation, télévision…) ou à servir la science (observation de la Terre, de l'univers…). On estime qu'aujourd'hui environ 500 satellites opérationnels orbitent autour de la Terre.

Astérix dans l'espace !

Dès les années 1950, la France commence son programme de recherches spatiales en créant les fusées-sondes *Véronique* qui atteignent seulement la haute atmosphère de la Terre. Puis vient le programme militaire des *Pierres Précieuses*, qui est couronné de succès le 26 novembre 1965. Le lanceur spatial *Diamant A* réussit son décollage depuis la base d'Hammaguir (sud de l'Algérie) et met en orbite le premier satellite artificiel français : *Astérix* (41 kg).

La guerre des étoiles

Dans les mois qui suivirent le 4 octobre 1957, l'URSS continua d'afficher sa supériorité technique :
- premier être vivant dans l'espace : la chienne Laïka, le 3 novembre 1957 ;
- première sonde à avoir approché la Lune : *Luna 1*, le 2 janvier 1959 ;
- premier homme dans l'espace : Iouri Gagarine, le 12 avril 1961 ;
- première femme dans l'espace : Valentina Terechkova, le 16 juin 1963 ;
- première sortie en dehors d'un vaisseau spatial : Alekseï Leonov, le 18 mars 1965.

Pour les États-Unis, il reste l'exploit le plus spectaculaire : premiers pas sur la Lune, Neil Armstrong et Buzz Aldrin, le 21 juillet 1969.

Anatomie d'un lanceur

Qu'y a-t-il dans le ventre d'une fusée ? Pour mieux comprendre l'architecture de ces immenses cigares, observons dans le détail le curieux assemblage de réservoirs qui constitue le lanceur européen *Ariane 5*.

1 Étage d'accélération à poudre (EAP)
Souvent désignés par le terme américain *booster* (du verbe *to boost*, accélérer), ces deux énormes cylindres sont disposés de chaque côté de la fusée. Ils fournissent 92 % de la poussée au moment du décollage, 5 300 kNewtons (kN) chacun. Ils sont remplis d'une pâte composée d'ergols* solides disposée en étoile ; elle brûle à l'intérieur sur toute la hauteur, du centre vers les parois.

2 Étage principal cryotechnique (EPC)
C'est le corps de la fusée ; il comprend le moteur principal *Vulcain*, ses réservoirs d'oxygène et d'hydrogène liquides, ainsi que les énormes turbopompes qui alimentent le moteur en ergols.

2a Le moteur *Vulcain* pèse 1 650 kg et développe une poussée moyenne de 1 000 kN.

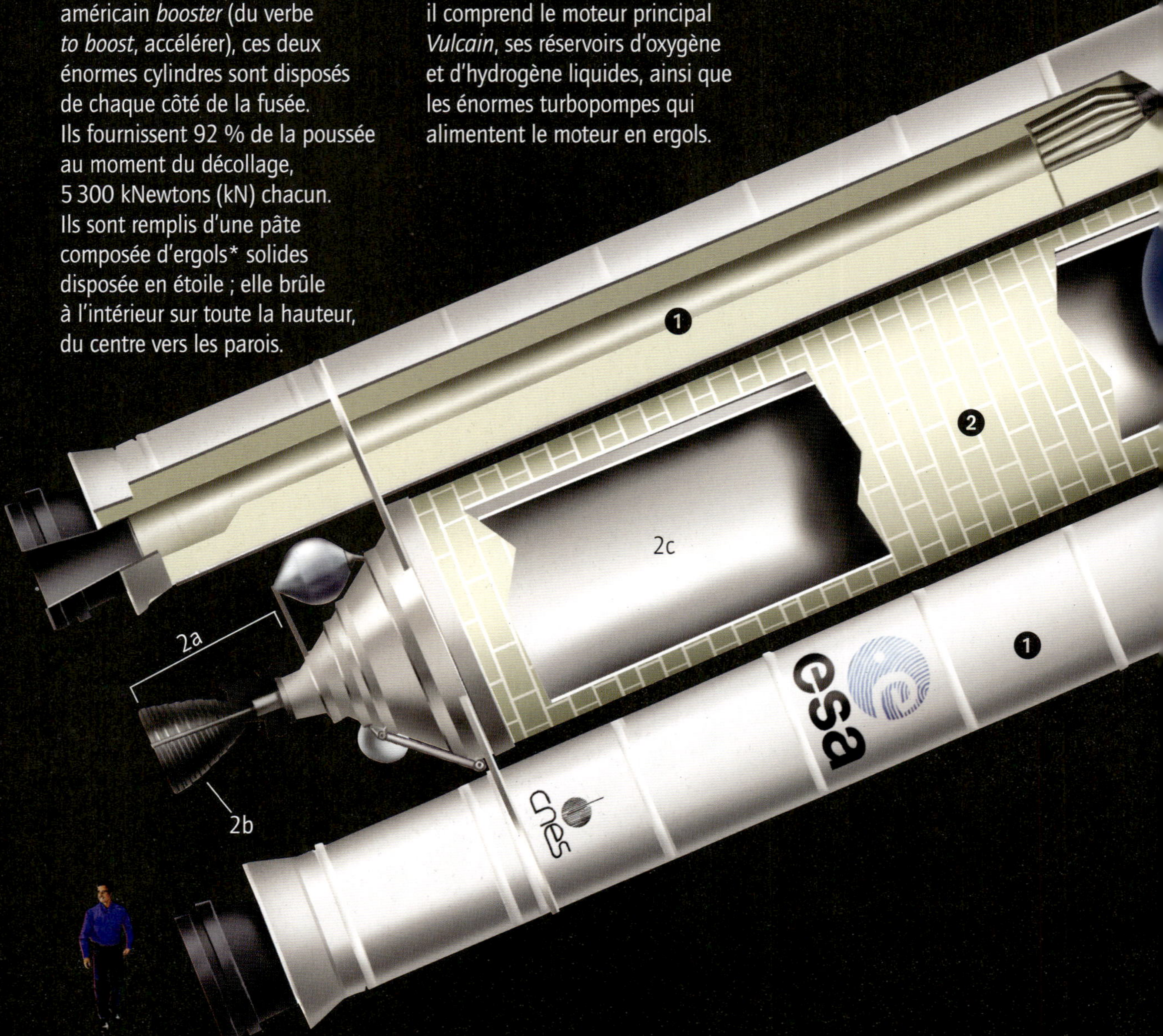

Le kNewton

Le newton est l'unité de mesure de la force développée par les moteurs. Un newton (N) est la force qu'il faut appliquer à un objet de 1 kilogramme pour le faire accélérer de 1 mètre/seconde. Pour les moteurs-fusées, on utilise le kilonewton (kN) qui vaut 1 000 N.

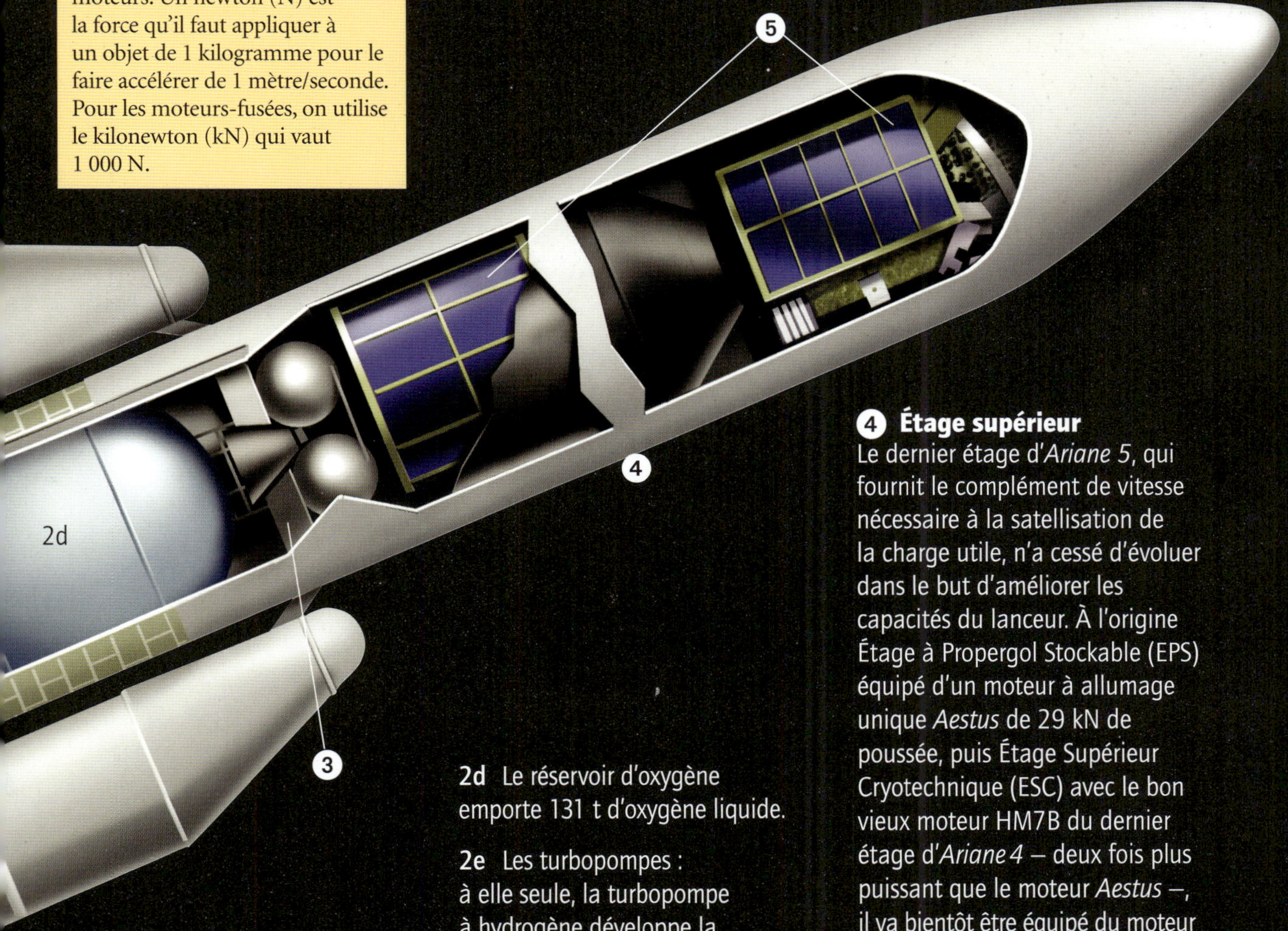

2b La tuyère* accélère et évacue les gaz produits dans la chambre de combustion à une température de 3 000 °C. Pour éviter au métal de fondre, il faut donc refroidir ses parois par la circulation d'hydrogène liquide dans de petits tuyaux.

2c Le réservoir d'hydrogène : au moment du décollage, il contient 26 t d'hydrogène liquide à la température de - 253 °C.

2d Le réservoir d'oxygène emporte 131 t d'oxygène liquide.

2e Les turbopompes : à elle seule, la turbopompe à hydrogène développe la puissance de 12 800 kilowatts, soit l'équivalent de deux rames de TGV.

③ La case à équipement
Véritable pilote électronique de la fusée, elle déclenche chaque séquence du vol et communique tous les paramètres de contrôle aux stations au sol. Chaque étape a été soigneusement programmée avant le décollage, car la vitesse du lanceur rend impossible tout téléguidage depuis le sol.

④ Étage supérieur
Le dernier étage d'*Ariane 5*, qui fournit le complément de vitesse nécessaire à la satellisation de la charge utile, n'a cessé d'évoluer dans le but d'améliorer les capacités du lanceur. À l'origine Étage à Propergol Stockable (EPS) équipé d'un moteur à allumage unique *Aestus* de 29 kN de poussée, puis Étage Supérieur Cryotechnique (ESC) avec le bon vieux moteur HM7B du dernier étage d'*Ariane 4* – deux fois plus puissant que le moteur *Aestus* –, il va bientôt être équipé du moteur *Vinci* de 180 kN. Il permettra à l'étage supérieur de la fusée d'emporter 2 t de plus en orbite géostationnaire, faisant passer la charge utile du lanceur de 9,6 t à 11,6 t.

⑤ La charge utile
Protégée du frottement de l'air et d'éventuelles collisions avec des particules par la coiffe pendant la traversée de l'atmosphère, elle est souvent composée d'un ou deux satellites.

Des fusées autour du monde

Plessetsk (Russie)

Europe
Base de lancement : Centre spatial guyanais Kourou Sinnamary.
Accès à l'espace en 1979.
Ariane 5 : un "poids lourd" spatial ! Elle est capable d'envoyer 9,6 tonnes en orbite géostationnaire et 20 tonnes en orbite basse.
Soyouz : ce poids "moyen", d'une capacité de 3 t en géostationnaire, est le fruit d'une collaboration avec les Russes.
Véga : poids "léger", d'une capacité de 1,5 t en orbite basse, c'est une copie d'un des boosters d'*Ariane 5*.

Vandenberg (États-Unis)

Kennedy Space Center Cap Canaveral (États-Unis)

Israël
Base de lancement : Palmachim.
Accès à l'espace en 1988.
Shavit : peu puissante, elle lance 300 kg en orbite basse. Fortement handicapé par ses relations diplomatiques avec ses voisins arabes, Israël est obligé de lancer sa fusée vers l'ouest, sur la Méditerranée, à l'encontre de la rotation de la Terre.

Kourou (Europe)

Alcantara (Brésil)

États-Unis
Bases de lancement : cap Canaveral, Kennedy Space Center, Vandenberg.
Accès à l'espace en 1958.
Navettes : Ces fusées à orbiteur réutilisables permettaient d emporter 7 astronautes dans l espace. De leur retrait de service en 2011 jusqu'à 2018, les bases de lancement américaines n'ont pas accueilli de vols habités.
Atlas, Delta : fusées classiques dédiées aux lancements de satellites, développées au début des années 1960 à partir de missiles. Elles ont évolué et lancent jusqu'à 7 t en géostationnaire.
Pegasus : système de lancement spatial aéroporté : la fusée *Pegasus* est d'abord emportée horizontalement par un avion à 12 km d'altitude, elle peut ensuite satelliser 500 kg en orbite basse.
Falcon : développées par la société privée Space X en particulier pour le lancement de ses cargos ravitailleurs *Dragon* et véhicule spatial *Dragon V2*.
Minautor, Taurus : lanceurs légers réutilisant des missiles balistiques retirés du service armé pour envoyer des satellites de moins de 1,5 tonnes en orbite basse.

Brésil
Base de lancement : Alcantara.
Après quelques échecs et une réussite peu concluante en 2004, le Brésil n'est pas encore considéré comme une puissance spatiale. C'est pourquoi il envisage plutôt la location de sa base d'Alcantara à des pays comme l'Ukraine, pour le lancement de sa fusée *Tsyklon*.

USSIE

ıses de lancement : Baïkonour (Kasakhstan), Plessetsk.
ccès à l'espace en 1957.
oyouz (*Semiorka*) : c'est la star de la
nquête spatiale ! Très utilisée, fiable,
e porte allègrement ses 60 ans.
oton : créée en 1965 afin d'envoyer des
éments lourds de stations spatiales
usqu'à 21 t en orbite basse !).

Zenith : en service depuis 1985.
Rockot, *Strela* : lanceurs légers issus de la reconversion de missiles balistiques.
Angara : famille de fusées dont le lanceur lourd *Angara 5* est destiné à remplacer progressivement *Proton*.

CHINE

Bases de lancement : Jiuquan, Xichang, Taiyuan
Accès à l'espace en 1970.
Les *Longue Marche :* la Chine a réussi à devenir une puissance spatiale grâce à cette famille de lanceurs. En 2003, elle a été la 3e nation à envoyer des hommes dans l'espace. Le modèle *CZ-2F* permet de lancer le vaisseau *Shenzhou* avec 1, 2 ou 3 passagers, et *CZ-7* de placer 13,5 tonnes en orbite basse.

INDE

Base de lancement : Sriharikota.
Accès à l'espace en 1980.
Chacun de ces lanceurs a une mission spécifique : *GSLV* dépose des satellites sur l'orbite géostationnaire, et *PSLV* sur l'orbite basse polaire. La progression de l'Inde dans les technologies spatiales (en particulier son désir d'atteindre l'orbite géostationnaire) a contribué à son développement économique et lui permet d'envisager de devenir la quatrième nation à lancer des vols habités.

JAPON

Bases de lancement : Uchinoura, Tanegashima.
Accès à l'espace en 1970.
H II : famille de lanceurs moyens et lourds, capables de satelliser jusqu'à 19 tonnes en orbite basse, ainsi que le cargo de ravitaillement HTV.
Epsilon : lanceur léger destiné à placer des satellites de 1,5 tonne en orbite basse.
Les deux bases de tirs japonaises présentent d'importantes limitations d'utilisation imposées par les pêcheurs locaux.
Les lancements ont lieu en janvier-février et en juillet-août.

Nouvelles puissances spatiales ?

De nouvelles nations se lancent dans la course à l'espace. Ainsi la Corée du Nord, la Corée du Sud et l'Iran ont annoncé des tirs de lanceurs spatiaux, dérivés de leurs missiles nucléaires. Mais la communauté internationale s'interroge : essais de satellisation ou couverture pour le développement de nouveaux missiles ?

Base de lancement

Base de lancement de vols habités

Unissez-vous !

Depuis la chute de l'URSS, de nouvelles alliances se sont formées afin d'optimiser les investissements financiers (c'est-à-dire de payer moins cher la construction et le lancement des fusées).
Et des organismes multinationaux ont vu le jour :

• *International Launch Service* (ILS) : depuis 1995, collaboration Russie et États-Unis.
Fusée *Angara* lancée depuis Plessetsk.
• *Starsem* : depuis 1996, collaboration Europe et Russie
Fusée *Soyouz*, lancée depuis Baïkonour et le Centre spatial guyanais.
• *Eurockot* : depuis 1995, collaboration Europe et Russie
Fusée *Rockot*, lancée depuis Plessetsk.

Des routes autour de la Terre

Les objets lancés dans l'espace ne divaguent pas au gré des vents ! Ils orbitent sur des chemins bien définis dont les caractéristiques ont été choisies en fonction de leur mission et sont déterminées par leur lancement. Parmi les innombrables orbites possibles, en voici quelques-unes des plus remarquables.

1 Orbite elliptique

Altitude : variable au cours d'une orbite avec deux distances remarquables, le périgée (altitude la plus basse) et l'apogée (altitude la plus haute). La vitesse varie avec l'altitude au cours de l'orbite.
Avantages : point d'injection proche de la Terre, par conséquent économie d'énergie. Et, la plupart du temps, le satellite est loin de la Terre, donc de toutes les perturbations qu'elle pourrait induire.
Applications : observatoires (*voir* XMM, *p. 71*), exceptionnellement télécommunications.

2 Orbite basse

Nom de code : LEO, pour *Low Earth Orbit*, orbite terrestre basse.
Altitude moyenne : 200 à 1 400 km de la Terre.
Vitesse orbitale correspondante : 27 426 km/h à 300 km, soit 16 tours de Terre par heure.
Avantages : facilement et rapidement accessible pour les véhicules comme pour les signaux.
Applications : stations spatiales habitées, observatoires spatiaux (*voir* ISS, *p. 112-113*).

3 Orbite polaire

Cas particulier d'orbite basse, caractérisée par son passage au-dessus des pôles terrestres.
Avantages : idéale pour l'observation de la Terre puisqu'elle survole une nouvelle bande à chaque passage et peut ainsi observer l'ensemble de notre planète.
Applications : cartographie, environnement, météorologie (*voir* Spot, *p. 90*), espionnage.

6 Orbite de transfert

Nom de code : GTO pour *Geostationary Transfert Orbit*.
Cas particulier d'orbite elliptique : périgée situé à 500 km environ de la Terre, apogée à 35 786 km.
Avantages : elle amène naturellement, sans apport d'énergie pendant le transfert, un satellite depuis son point d'injection par le lanceur jusqu'à l'orbite géostationnaire.
Applications : mise à poste des satellites géostationnaires.

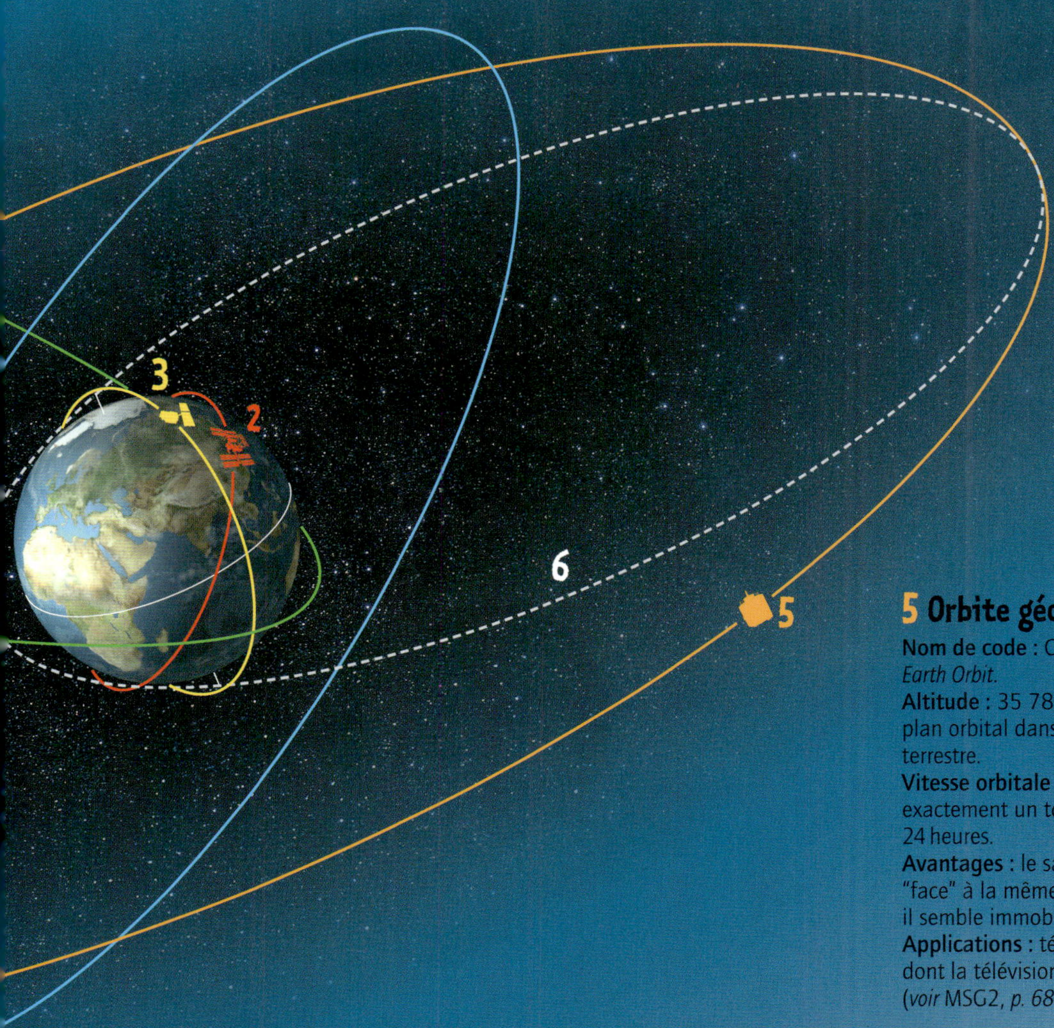

5 Orbite géostationnaire

Nom de code : GEO pour *Geostationary Earth Orbit*.
Altitude : 35 786 km de la Terre, et plan orbital dans le plan de l'équateur terrestre.
Vitesse orbitale : 11 075 km/h, soit exactement un tour de Terre en 24 heures.
Avantages : le satellite reste toujours "face" à la même région terrestre, il semble immobile depuis la Terre.
Applications : télécommunications – dont la télévision –, météorologie (*voir* MSG2, *p. 68-71*)...

4 Orbite moyenne

Nom de code : MEO pour *Middle Earth Orbit*.
Altitude moyenne : 2 000 à 20 000 km de la Terre.
Vitesse orbitale : 17 771 km/h à 10 000 km, soit 4 tours de Terre en 24 heures.
Applications : positionnement (*voir* GPS *et* Galileo, *p. 95*).

La Terre sous surveillance

La Terre est une machine complexe : pour comprendre son fonctionnement, il faut observer sa surface liquide (les océans), solide (les continents), son enveloppe de gaz (l'atmosphère), sans oublier ses habitants (le monde végétal, animal et les hommes) qui la modifient. Le meilleur endroit pour la voir, c'est en hauteur. Il faut donc prendre du recul et partir dans l'espace.

Avantages

Les satellites artificiels présentent de nombreux avantages : ils sont hauts, mesurent discrètement, sont facilement exploitables, ont un grand champ de vision, peuvent survoler des régions difficiles d'accès (pôles, montagnes) et, surtout, ils repassent régulièrement au-dessus du même point.

Prévention des incendies en Australie.

Le satellite ENVISAT a suivi la progression de l'ouragan Rita en septembre 2005.

Utilité

Les missions des satellites artificiels touchent divers domaines : l'océanographie (*Jason 1, voir p. 88-89*), la météorologie (*Meteosat, MetOp, voir p. 90-91*), la surveillance militaire (*Hélios, voir p. 96-97*), l'environnement terrestre (*Spot, Envisat…*).
Leurs images associées aux observations au sol permettent de surveiller l'état des cultures, des forêts et l'influence de l'homme sur son milieu naturel (déforestation de l'Amazonie) ; d'étudier l'atmosphère (comme le cyclone *Katrina* à la Nouvelle Orléans en 2005) ou encore les océans (phénomène *El Niño*) ; de lutter contre la pollution en évaluant les dégâts (naufrage du pétrolier *Le Prestige* en 2002).
Elles favorisent aussi un meilleur aménagement du territoire (autoroutes, ponts…) ; aident l'agriculture, en faisant un inventaire des ressources en eau, des superficies cultivées, de la nature des sols, des risques de sécheresse. Enfin, elles permettent de prévenir les catastrophes naturelles.

Fiches d'identité de deux familles de satellites "verts"

***SPOT* (Satellite Pour l'Observation de la Terre)**

- 7 satellites : de *Spot 1* lancé en 1986 à *Spot 7* en 2014.
- 4,5 m de hauteur, 2 à 3 t, plus petit détail vu par *Spot 7* : 1,5 m.
- orbite polaire à 830 km, il passe au-dessus du même lieu tous les 26 jours.
- développé par le CNES (Centre national d'études spatiales), et exploité par la société Spot image (les images sont payantes et disponibles pour les scientifiques et les particuliers).
- instruments : *Spot* est muni de 2 "yeux" (comme une paire de jumelles) qui observent la Terre. En fait, ce sont 2 caméras (radiomètres) qui mesurent l'intensité de la lumière réfléchie par le sol ou les océans, puis qui la transforment en image. Il voit en visible, en infrarouge, en relief (3D), et il a un instrument spécial pour étudier la végétation.
- objectifs : surveiller, détecter et prévoir les phénomènes naturels liés à la géologie et à la végétation, et cartographier la planète.

ENVISAT (ENVIronmental SATellite)

- 1 satellite lancé en 2002 (successeur des satellites radar *ERS*).
- 10 m de hauteur (taille d'un bus), 8,2 t.
- orbite polaire à 800 km, il passe au-dessus du même lieu tous les 35 jours.
- développé par l'Agence spatiale européenne (ESA) ; les images sont au service des scientifiques.
- instruments : un des satellites le plus complet avec 10 instruments, dont des altimètres radar (*voir p. 89*), des radiomètres, des spectromètres (appareils qui analysent la lumière réfléchie par le sol)…
- objectifs : veiller sur la couche d'ozone, comprendre les mouvements des océans, analyser le réchauffement de la planète, permettre de lutter contre les catastrophes naturelles, surveiller les activités industrielles et polluantes…

Jason, guetteur des océans

Même s'ils nous paraissent très divers au premier coup d'œil, les satellites ont tous la même structure. Vérifions cela en découvrant *Jason*, des satellites chargés de surveiller les océans.

Les satellites *Jason sont* nés d'une collaboration franco-américaine. Pesant 390 kg et mesurant 3,4 m de hauteur, ils ont été lancés entre 2001 et 2016 et circulent à 1 336 km d'altitude. Leur mission consiste à étudier précisément les océans, qui recouvrent 71 % de la surface de la Terre.

Très performants, ils nous permettent :

- de mesurer la hauteur des vagues, les creux et les bosses des océans, les courants et la vitesse des vents, par altimétrie radar ;
- d'étudier l'influence des océans sur les changements du climat ;
- d'enrichir l'océanographie opérationnelle : aide à la navigation des bateaux, prévision de la météorologie marine, meilleure gestion de la pêche, construction de plates-formes offshore...

Avant

Jason 1 n'est pas le premier océanographe spatial. De 1992 à 2005, le satellite *Topex-Poséidon*, fruit lui aussi d'une collaboration franco-américaine, a surveillé de très près l'humeur des océans.

L'altimétrie radar

Cette technique permet de mesurer des distances, en particulier des altitudes. L'altimètre de *Jason* envoie des ondes radar en direction de la Terre, au fur et à mesure que le satellite avance. Ces ondes (écho radar) sont réfléchies par la surface de l'eau et reviennent vers le satellite. L'altimètre mesure alors le temps qu'il leur a fallu pour effectuer l'aller-retour. Connaissant la vitesse des ondes, et le temps écoulé entre l'émission et la réception du signal, les scientifiques en déduisent la distance exacte entre le satellite et la surface des océans. Ainsi, à chaque instant, il est possible de connaître l'altitude de *Jason* par rapport à la mer, à quelques centimètres près, et d'en conclure la hauteur du niveau des océans.

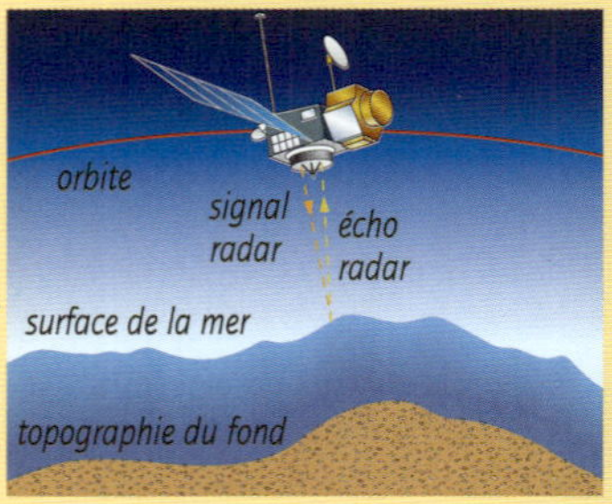

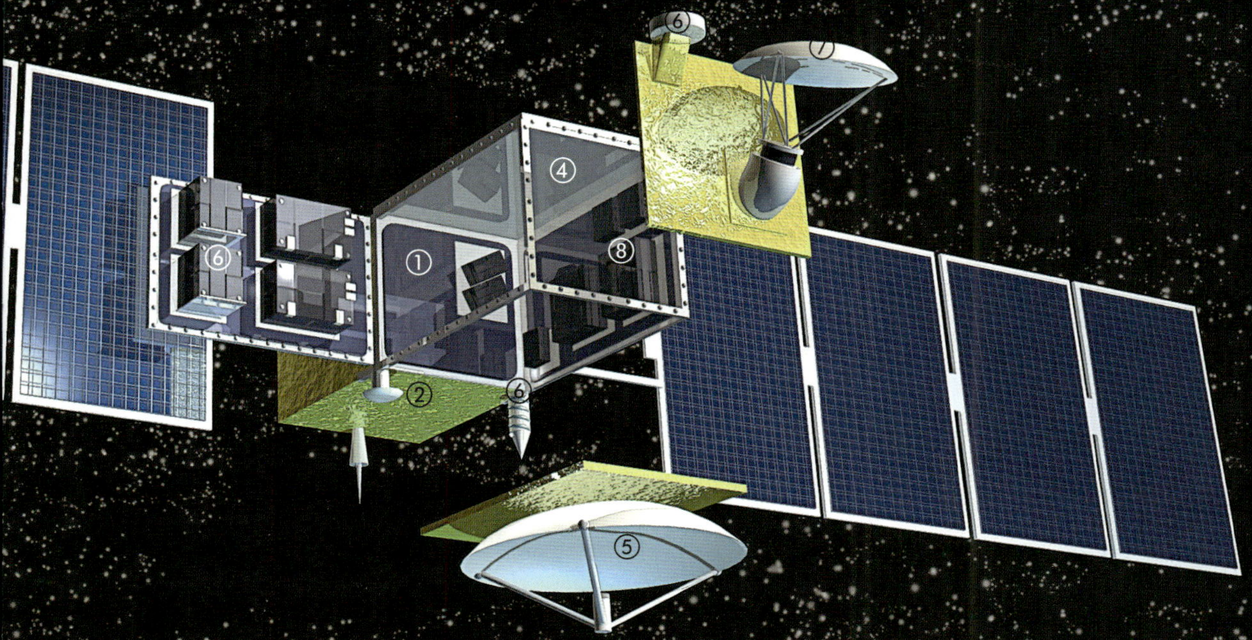

La plate-forme, commune à tous les satellites d'observation :

① **Le squelette** : constitué de tubes rigides, il doit être léger et très résistant aux vibrations et aux accélérations.
② **Le contrôle thermique** : pour fonctionner, les équipements doivent être à la "bonne température". Le satellite est donc muni de couvertures réfléchissantes et isolantes pour le protéger des températures extrêmes de l'espace, et possède un système de transfert et d'évacuation de la chaleur produite par les appareils à bord.
③ **l'énergie à bord** : les panneaux solaires transforment l'énergie du Soleil en électricité (environ 500 watts, soit la puissance nécessaire pour faire fonctionner l'écran d'un ordinateur) ; lorsque le satellite passe dans l'ombre de la Terre, des batteries prennent le relais.
④ **L'autonomie** : elle est générée par un ordinateur de bord. Celui-ci peut être autonome et effectuer certaines tâches seul. Il envoie ses résultats au sol. Il comprend aussi les informations qu'on lui transmet, et parfois il peut être reconfiguré du sol, à distance.
⑤ **La liaison avec la Terre** : toutes les données enregistrées à bord sont envoyées vers le sol, via des antennes émettrices.
Le contrôle de la trajectoire : s'il veut remplir correctement sa mission, le satellite doit toujours être à la même altitude. Il possède donc un réservoir de carburant et un moteur fonctionnant épisodiquement pour contrôler son orbite.

Les *Jason* embarquent 5 instruments à leur bord :

⑥ **3 instruments** (un système de contrôle de l'orbite *DORIS*, un réflecteur laser, un système de localisation *GPS*) qui permettent de mesurer, au centimètre près, la position du satellite par rapport à la Terre.
⑦ **Un radiomètre** : il détecte la vapeur d'eau dans l'atmosphère.
⑧ **Un altimètre *Poséidon 2*** : cet appareil utilise le principe du radar.

Espace météo

Short ou pantalon, pull ou tee-shirt, chapeau ou parapluie ? Notre vie quotidienne est très dépendante des colères du ciel... Pourtant, aujourd'hui, ce n'est plus une fatalité, car nous savons prévoir le temps.

Un temps d'avance...

La météorologie, science du XXe siècle, est chargée d'observer, d'étudier et de comprendre les phénomènes se produisant dans l'atmosphère de la Terre. Pour cela, il faut analyser en détail les 10 premiers kilomètres de cette atmosphère, la troposphère. Celle-ci est constamment perturbée par la présence des océans à la surface de la Terre (car leur eau s'évapore dans l'atmosphère sous l'effet du Soleil), et par la chaleur provenant du Soleil. À chaque instant, à tout endroit de la planète, le temps qu'il fait va influencer le temps qu'il fera, avec parfois des répercussions sur le climat mondial. Il faut donc organiser un réseau d'observation étendu à la Terre entière, capable de prévenir les risques d'avalanches, de canicules, d'inondations, de cyclones tropicaux, d'orages intenses… pour assurer la sécurité des personnes et des biens. Créée en 1947, l'Organisation météorologique mondiale (OMM) regroupe plus de 180 États membres. Pour mener à bien sa mission, elle possède différents types d'instruments de mesure.

Image prise par le satellite géostationnaire *Meteosat*, situé au-dessus de l'Afrique et de l'Europe.

Météo-France

Créé en 1963, Météo-France est un organisme public français chargé de prévoir le temps, d'étudier le climat passé et futur et, surtout, d'assurer la sécurité des personnes face aux intempéries. Beaucoup d'organismes recourent à ses services : les ministères de l'Agriculture et de la Pêche, l'Armée de l'air, les sociétés de transport, les chaînes de télévision, mais aussi les navigateurs, les coureurs de Formule 1 et du Tour de France pour améliorer leurs performances !

Les yeux de l'espace

Le réseau mondial dispose de nombreux satellites :
- certains sur l'orbite géostationnaire (*voir p. 85*) : celui qui nous intéresse est situé en permanence à la verticale du golfe de Guinée, c'est le fameux MSG2 (*voir p. 68 à 71*). Ils observent les mouvements généraux des masses nuageuses.
- d'autres sur l'orbite polaire (*voir p. 84*) dont les *MetOp* européens. Lancés à partir de 2006, ils permettent une couverture précise et complète de la Terre. “L'œil” de ces satellites est un radiomètre. Cet instrument mesure la lumière renvoyée par le sol, les étendues d'eau ou les nuages, dans l'infrarouge, le visible et le proche infrarouge. Les images sont ensuite envoyées vers le sol, puis transmises au centre de traitement.

Satellite *MetOp*

Mais aussi...

L'imagerie spatiale n'est pas suffisante pour étudier le temps. Il faut compléter ces informations en observant :
- en altitude : les météorologues lancent dans l'atmosphère plus de 1 000 ballons-sondes par jour pour effectuer des mesures, et des avions sont toujours disponibles pour des observations ;
- au sol : 20 000 stations réparties sur le globe terrestre mesurent, au niveau du sol, la température, la pression atmosphérique, la vitesse et la direction des vents, l'humidité de l'air… ;
- en mer : certains navires, ainsi que des bouées fixes ou dérivantes, sont équipés de stations météorologiques automatiques.

Toutes ces données terrestres et spatiales sont ensuite intégrées dans un ordinateur très puissant, qui simule le temps qu'il fera à l'aide d'un programme informatique appelé “modèle de prévision”. Intervient ensuite le prévisionniste qui analyse et interprète ces données avant d'annoncer le bulletin de prévisions. Aujourd'hui, on est capable de connaître le temps jusqu'à 7 jours à l'avance…

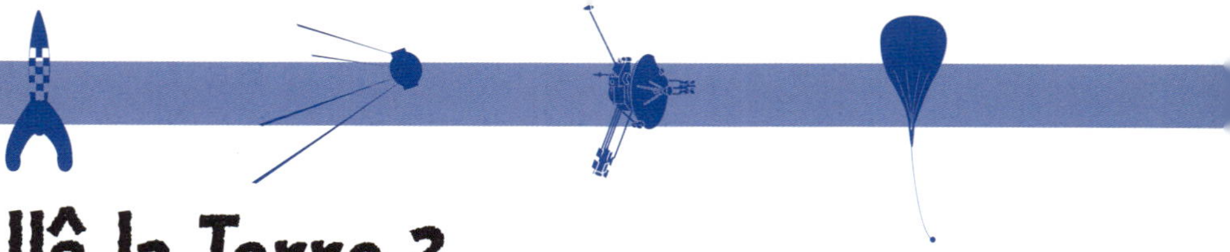

Allô la Terre ? Ou communiquer grâce à l'espace

Dans nos sociétés, les hommes communiquent toujours plus. Depuis une centaine d'années, ils ont trouvé un moyen efficace : les ondes radioélectriques. Grâce à elles, on transmet rapidement et à de grandes distances des informations sous forme de sons (radio, téléphone…), d'images ou de vidéos (télévision…), ou encore de données scientifiques (localisation, mesures atmosphériques…).

Merci l'espace

Ces ondes parcourent facilement de longs trajets, en ligne droite, mais à une seule condition : qu'il n'y ait pas d'obstacles. Comme la Terre est ronde, les hommes ont d'abord disposé sur les routes de l'information des antennes relais tous les 100 km, qui reçoivent et réémettent le signal radio. Ainsi, on peut contourner toute la Terre.
Depuis le lancement du premier satellite dans l'espace en 1957 (*ci-contre*), ces relais sont devenus spatiaux ! Plus ils sont hauts, plus leur portée est grande.
Les communications sont instantanées, les équipements plus simples et fiables.

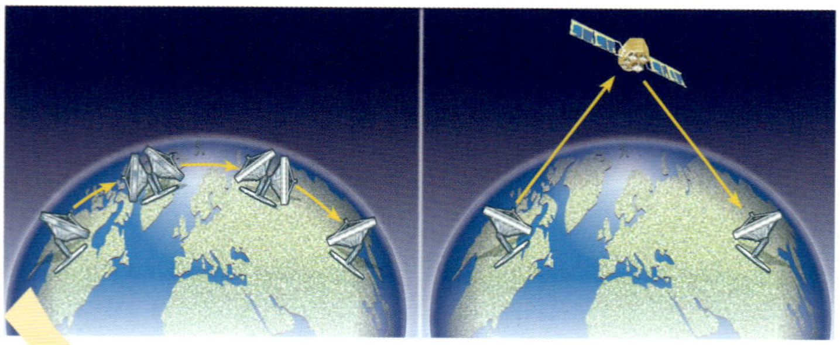

Pour relier deux points sur Terre, il existe deux moyens : des relais sur terre ou dans l'espace. La seconde solution assure une meilleure couverture des communications radio.

UIT, l'Union internationale des télécommunications

Pour communiquer avec des ondes radio, il faut que chacun utilise des fréquences précises (comme celles des stations de radio), sinon cela devient vite le désordre et tout se brouille. Depuis 1865, l'UIT est chargée de promouvoir et d'harmoniser le développement des télécommunications dans le monde. Elle regroupe 191 États.

La meilleure place !

Posté à 36 000 km d'altitude, chaque satellite géostationnaire voit presque la moitié de la planète.
La communication devient alors très efficace : une antenne située en France envoie par exemple des ondes radio à un géostationnaire, qui les relaie et les transmet à un autre satellite géostationnaire, qui les envoie à son tour à une antenne située en Australie.
Comme les ondes voyagent à la vitesse de la lumière (300 000 km/s), la télécommunication est établie en 1 seconde !

Quelle utilité ?

La communication par l'espace a de nombreuses applications.
Elle permet :

- de recevoir des télévisions étrangères et faire profiter les autres pays de nos programmes télévisés ;
- d'échanger des informations scientifiques ou industrielles entre les différents laboratoires de recherche dans le monde ;
- de téléphoner à des personnes loin de chez nous. 30 % des appels passent par l'espace, le reste est transmis par des câbles situés sur terre ou dans les mers ;
- d'établir un échange radio avec des objets mobiles sur Terre (avions, trains, camions, bateaux…) ;
- d'établir un lien radio rapide avec des personnes situées dans des endroits isolés (pôle Nord…), ou dans des pays ayant subit une catastrophe naturelle (inondations, tremblements de terre…).

Même dans les plaines arides de Mongolie, les outils de communication sont présents.

Les ondes radioélectriques

Ces ondes de lumière, invisibles à nos yeux, transportent des informations. Elles sont récupérées par des antennes, comme celle du poste radio, de la télévision ou celle (beaucoup plus grande) des satellites. Les informations sont ensuite transformées en sons ou en images.

Allô, la Terre ?
Ou comment se repérer grâce à l'espace...

Jeter une bouteille à la mer quand on est perdu, sortir sa vieille boussole pour se diriger… c'est dépassé ! Aujourd'hui, de nouveaux outils développés grâce à l'espace permettent de se déplacer facilement, et sans crainte de se perdre !

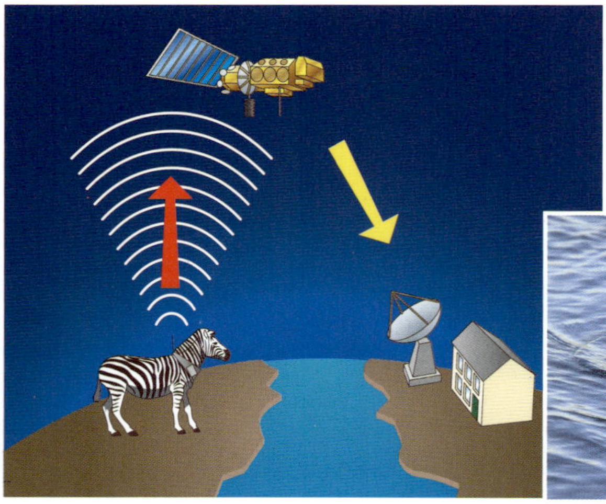

Système de localisation *ARGOS*

Ce système franco-américain, créé en 1978, permet de localiser des balises dispersées sur Terre, en mer ou dans les airs. Des satellites en orbite polaire sont chargés de collecter les informations de position et des mesures environnementales émises par ces balises. Aujourd'hui, celles-ci sont plus de 10 000 en service et tout objet équipé d'un émetteur peut être localisé en moins de 1 heure avec une précision de 300 m.

Ces balises émettrices ont plusieurs formes et peuvent être installées sur des navires, des bouées dérivantes (pour connaître la force des courants), des ballons atmosphériques (pour effectuer des mesures météorologiques, des animaux (pour suivre leur déplacement, leur migration)...

Système de localisation *Cospas-Sarsat*

Il fonctionne sur le même principe qu'*ARGOS* : des émetteurs sur Terre informent des satellites en orbite, qui renvoient les informations vers une station de contrôle. La seule différence, c'est que *Cospas-Sarsat* est un système de localisation des "signaux de détresse", utilisé mondialement depuis 1982. Il existe près de 1 million de balises de détresse et leur position est calculée à 2 km près. Depuis sa mise en service, plus de 15 000 personnes ont été secourues dans un délai de moins de 2 heures.

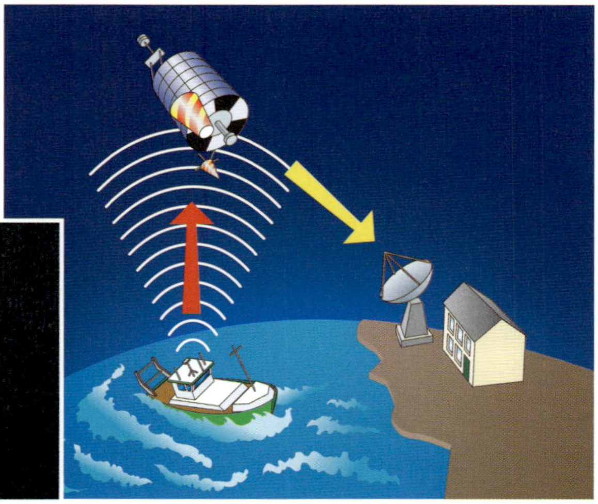

Système de localisation *DORIS*

C'est un système spatial français de positionnement très précis, similaire à *ARGOS*, opérant depuis 1990. Il permet de connaître, avec une précision de 10 cm, la position d'un satellite à partir de balises terrestres connues ou, à l'inverse, de localiser avec des satellites connus toute balise dont la position est inconnue.

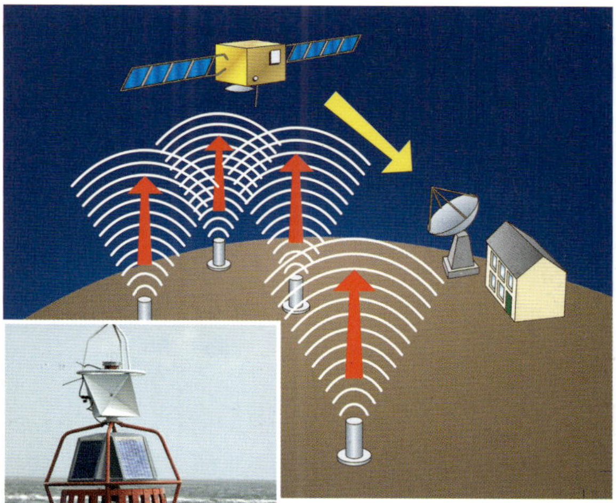

Localisation et navigation

La localisation est une technique permettant de connaître la position terrestre d'un objet (par exemple une balise émettrice). Cette position, connue dans un centre de contrôle, est ignorée par l'objet lui-même. En revanche, la navigation est une autre technique consistant, pour un objet (un récepteur dans un véhicule par exemple), à déterminer lui-même sa position, en toute discrétion.

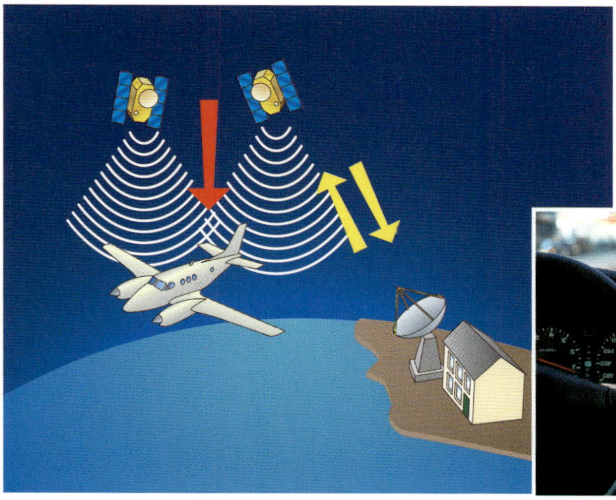

Système de navigation *GPS* (*Global Positioning System*)

Depuis 1992, ce système militaire américain (ouvert en partie aux civils) permet à toute personne équipée d'un récepteur de connaître sa position sur le globe.
Il s'agit de 24 satellites, répartis sur 6 orbites circulaires à 20 000 km, qui envoient en permanence des signaux captés par les récepteurs qui calculent ainsi leur position.
La précision varie entre 1 cm et 10 m, en fonction du bon vouloir des militaires américains !

Système de navigation *Galileo*

L'Europe a souhaité devenir indépendante des Américains en terme de positionnement terrestre.
Le programme *Galileo* comprend 30 satellites répartis sur trois orbites à plus de 23 000 km, des stations de contrôle et des récepteurs.
En service opérationnel depuis 2016, il servira à terme à de nombreuses applications dans les transports aérien et routier, dans le développement de la pêche, de l'agriculture...

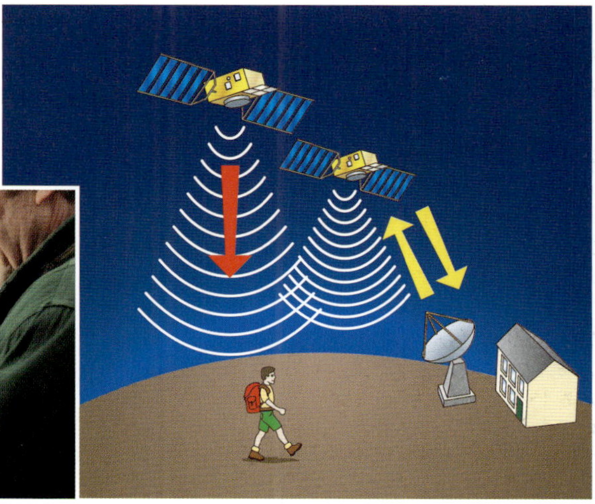

Des satellites "top secret"

Nous sommes en permanence surveillés par les yeux invisibles de l'espace. Quels sont-ils ? Où sont-ils ? Que font-ils ? Quels sont leurs pouvoirs ? Et sont-ils dangereux ?

Quand et pourquoi ?

Dès le début de la conquête spatiale, les militaires russes et américains profitent de leur avance technologique pour envoyer des "espions" autour de la Terre : les satellites de reconnaissance. Ces engins peuvent survoler toute la planète rapidement sans être vus et en toute légalité ! Ainsi, ils deviennent les outils indispensables pour percer les secrets les mieux gardés : concentration de troupes militaires, localisation de navires de guerre, de porte-avions, d'installations militaires et d'armes nucléaires… Ils sont, avant tout, des observateurs et des transmetteurs d'informations : ils ne transportent aucune arme de destruction ! Leur but est de recueillir des renseignements d'intérêt stratégique. Aujourd'hui, dans le monde entier, grâce aux images réalisées depuis l'espace, les militaires contrôlent, par exemple, le respect des accords de désarmement et peuvent disposer d'informations sur un conflit dans un pays et sur les dégâts qu'il a engendrés.

Cette image satellite, prise le 7 septembre 2004, montre une partie du site militaire d'Al-Qaqaa, où auraient été stockées plusieurs centaines de tonnes d'explosifs.

Et la France ?

À partir de 1986, le ministère de la Défense française a décidé de lancer le programme *Hélios* en collaboration avec l'Espagne et l'Italie. Il s'agit de plusieurs satellites, en orbite polaire à 800 km, possédant de puissantes caméras vidéo. Ils sont impressionnants car, si vous possédiez des yeux aussi performants, vous pourriez voir un vélo garé à Paris depuis… la ville de Toulouse. Et peut-être même plus, mais là, c'est top secret !

Comment ?

L'unique mission de ces satellites est de voir, écouter, communiquer. Avec leurs puissants télescopes, ils observent des détails sur Terre de moins de 1 m. Les images ou vidéos sont transmises codées à des stations terrestres par radio, ou par larguage dans des capsules qui résistent à l'échauffement de l'atmosphère. Ces espions de l'espace voient aussi de nuit grâce à des détecteurs radar et infrarouge. Certains ont la capacité d'intercepter les radio-transmissions adverses.

Infaillibles ?

Les satellites les plus bas (utiles pour voir des objets très petits) ont une espérance de vie courte, car ils ne peuvent pas s'y maintenir très longtemps. Et surtout, une fois qu'ils les ont repérés, leurs adversaires ont la possibilité de les détruire facilement, avec des avions porteurs de missiles. Il existe une autre solution possible pour se débarrasser de ces satellites : les aveugler avec un faisceau laser émis depuis le sol. Mais cette technique n'est pas toujours évidente à mettre en œuvre.

Cet officier français de l'armée de l'Air fait une démonstration du fonctionnement du satellite *Hélios*.

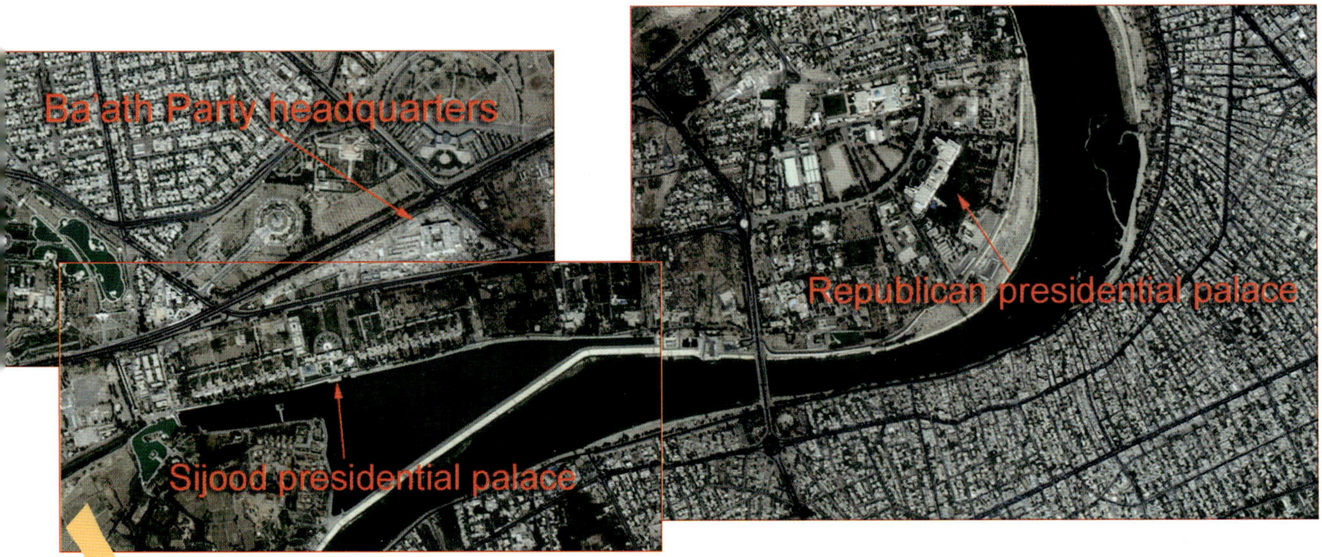

Trois images satellites de la ville de Bagdad en 2002, lors de la guerre en Irak.

La fin d'un satellite

Depuis le début de la conquête spatiale, plus de 25 000 satellites ont été déposés dans l'espace. Aujourd'hui, seuls 500 fonctionnent véritablement. Les satellites automatiques ont donc une "espérance de vie" limitée.

Rien n'est éternel...

Dans l'espace, un satellite artificiel peut être victime d'usure, car il subit en permanence l'hostilité du milieu spatial (températures extrêmes, rayonnements cosmiques, vent solaire, etc.). Sa durée de vie en prend un coup : un satellite situé à une altitude inférieure à 1 000 km survit 5 ans ; pour un géostationnaire (*voir p. 85*), c'est environ 15 ans. Il peut aussi se produire un dérèglement accidentel, parfois quelques jours ou quelques mois après son lancement. Enfin, il arrive qu'il soit détruit dans l'atmosphère terrestre. Par exemple, à 130 km d'altitude, un objet ne peut se maintenir en orbite plus de quelques heures (sans utiliser ses moteurs), car les gaz de l'atmosphère sont encore présents ce qui le freine considérablement. La structure du satellite s'échauffe alors par frottements et se désintègre... en étoiles filantes ! Aujourd'hui, il est rare que des débris touchent le sol. En revanche, les satellites les plus hauts (très loin de l'atmosphère) peuvent rester des millions d'années en orbite.

Préserver l'espace

Aujourd'hui, il n'existe aucun moyen pour nettoyer cette "pollution spatiale". La seule et unique solution est de limiter la production de nouveaux débris... et ce n'est pas si facile.
La plupart des satellites proches de la Terre et en fin de vie sont jetés volontairement dans l'atmosphère en utilisant leurs dernières gouttes de carburant. Pour les géostationnaires, c'est plus délicat : pour qu'ils ne gênent pas les autres à venir, ils sont envoyés plus loin, sur une orbite dite "cimetière".

C'est du propre !

Réservoirs de fusées, moteurs, boulons, morceaux de satellites… des millions de débris tournent autour de notre belle planète (*photo ci-dessus*) ! Et c'est bien l'homme qui les a envoyés en seulement 50 ans… Ce n'est pas très propre et, surtout, ces débris sont dangereux à cause de leur grande vitesse. En effet, une poussière de la taille d'un grain de riz se déplaçant à 30 000 km/h fait autant de dégâts qu'un boulet de canon lancé à 100 km/h. C'est un véritable danger pour les satellites automatiques, la *Station Spatiale Internationale* et les astronautes sortant dans l'espace en combinaison. Heureusement, le risque de collision est faible car le domaine spatial est grand. Néanmoins, la possibilité de perdre un satellite à cause d'une collision est de 1 sur 10 000.

Mécaniciens de l'espace

Lors d'une défaillance technique, peu de satellites ont la chance d'être secourus. C'est pourtant ce qui est arrivé au télescope spatial *Hubble*. Dès sa mise en orbite en 1990, les ingénieurs se sont aperçus qu'il était myope. Embêtant pour un observateur de l'univers ! Trois ans plus tard, grâce à la navette spatiale, des astronautes sont venus le réparer dans l'espace et en ont profité pour changer une caméra et des panneaux solaires ! Aujourd'hui, la maintenance de ce télescope n'est plus effectuée ; il rentrera dans l'atmosphère terrestre entre 2030 et 2040 et sera détruit ! Les objets artificiels tournant autour de la Terre finissent toujours par retomber dans l'atmosphère.

Les objets artificiels tournant autour de la Terre finissent toujours par retomber dans l'atmosphère. Mais le temps de la descente est plus ou moins long en fonction de l'altitude à laquelle ils se trouvent.

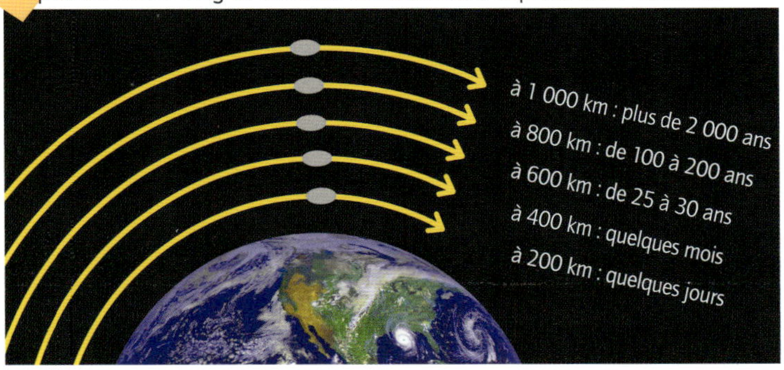

Combien ?

Il existerait autour de la Terre 35 millions de débris entre 0,1 et 1 cm ; 110 000 de 1 à 10 cm ; et 8 500 de plus de 10 cm. Ces derniers, potentiellement très dangereux, sont surveillés par l'organisme américain NORAD grâce à des radars ou à de puissants télescopes.

Vivre dans l'espace

Partir dans l'espace et repousser toujours plus loin la frontière du monde connu… Beaucoup d'entre nous, à commencer par les astronautes, en rêvent ! Des rêves devenus réalité en 1961, lorsque le premier homme fut envoyé dans le cosmos, puis en 1969, quand on foula le sol de la Lune. Aujourd'hui, l'aventure se poursuit ; des équipages séjournent à bord de la Station spatiale internationale où la vie s'organise, annonçant sans doute des voyages plus lointains encore…

Conquérir l'espace : mythe et réalité

En 1923, un slogan russe clame : « Il nous faut des ailes ! » Bien avant, déjà, l'homme souhaitait voler. Mythes et contes sont imprégnés de ce rêve. Celui-ci devient réalité avec les progrès de l'aviation. Et c'est en 1961, pour la première fois, qu'un être humain quitte la Terre pour l'espace…

L'homme-oiseau

L'une des premières représentations marquantes de l'être humain se trouve dans la grotte de Lascaux, en Dordogne. On y a retrouvé des peintures rupestres, réalisées il y a près de 17 000 ans, figurant un homme doté d'une tête d'oiseau, qui semble prêt à s'envoler ! Plus tard, à la Renaissance, Léonard de Vinci étudie le vol de l'oiseau et construit une machine volante à destination de l'homme (*dessin ci-contre*). Malheureusement, toutes ses tentatives se soldent par des échecs.

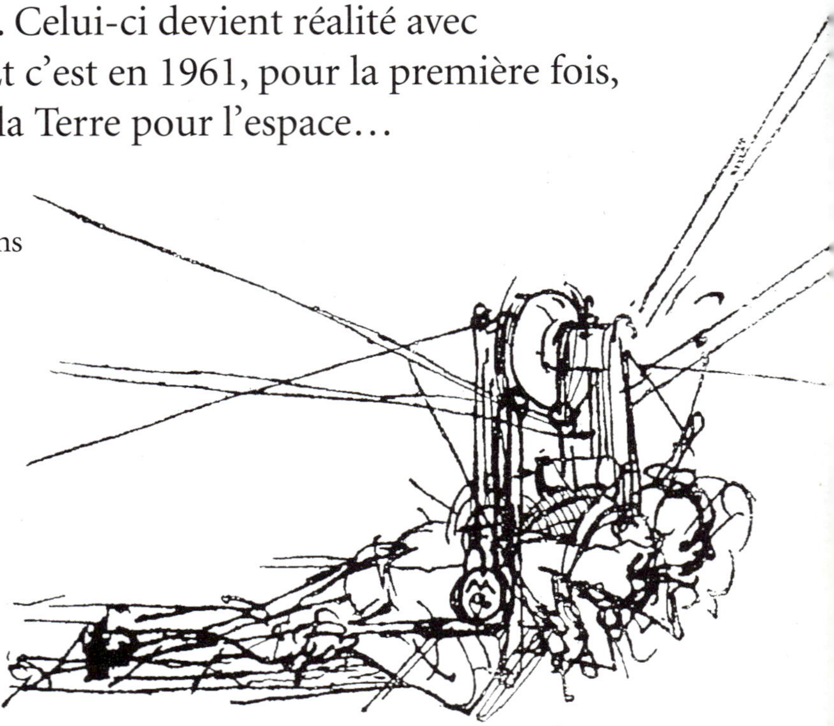

Catapulté dans l'espace

Donner des ailes à l'homme ne semble pas être la bonne solution pour l'envoyer dans l'espace. Les évolutions techniques aidant, artistes et ingénieurs inventent d'autres moyens : dans *De la Terre à la Lune* (1865), Jules Verne installe son héros dans un obus tiré par un canon afin de le propulser jusqu'à notre satellite. Dans les années 1950, le dessinateur Hergé place Tintin et le capitaine Haddock dans sa célèbre fusée rouge et blanche, et les expédie avec leur équipe sur la Lune.

De la Terre à la Lune, de Jules Verne.

Des animaux dans l'espace

De nombreux animaux ont été expédiés dans l'espace. Le premier, Laïka, est une chienne russe, qui mourra asphyxiée dans sa cabine. Si les Soviétiques préfèrent les chiens cosmonautes, les Américains, eux, envoient des singes dans le cosmos, tandis que les Français se spécialisent dans l'étude des effets de la haute altitude sur les chats et les rats.

Vue d'artiste d'une mission humaine sur Mars.

Vivre dans l'espace ?

On imagine aussi que des hommes pourraient séjourner pendant de longues durées dans l'espace. Dès la fin du XIXe siècle, Konstantine Tsiolkovski, l'inventeur de la fusée à réaction, prédit que des hommes vivront dans des stations spatiales. En 1968, Stanley Kubrick réalise le film 2001 : *l'Odyssée de l'espace*, où des astronautes partent pour un long et périlleux voyage vers Jupiter… et l'infini.

Chronique d'une conquête

Ces prédictions seront pour la plupart réalisées dans la deuxième moitié du XXe siècle. Depuis 1957, année du lancement de *Spoutnik* – le premier satellite artificiel –, les progrès de la conquête spatiale ont été fulgurants. La même année, le premier être vivant envoyé dans le cosmos est une chienne nommée Laïka. Dès 1961, le Russe Iouri Gagarine part pour l'espace et en revient sain et sauf. En 1969, on marche sur la Lune. En 1971, une station spatiale habitée voit le jour : *Saliout 1*. Lui succéderont d'autres engins tels que *Mir*, en 1986, ou la Station spatiale internationale (ISS), à partir de 1998. On rêve désormais d'envoyer des hommes sur Mars. La conquête de l'espace par l'homme ne semble pas terminée…

Profession : astronaute

L'ingénieur Tsiolkovski disait : « La Terre est le berceau de l'homme, mais on ne reste pas toute sa vie dans son berceau »… Qui sont-ils, ces hommes et ces femmes partis dans l'espace, ceux que l'on appelle les astronautes ?

Le premier humain extraterrestre, Iouri Gagarine, a réalisé le plus célèbre, mais aussi le plus court vol spatial en 1961.

Un métier de haut vol

Les premiers astronautes, dans les années 1960, étaient choisis dans l'armée de l'air. En URSS, les critères de recrutement étaient très précis : les candidats devaient mesurer moins de 1,70 m, peser 70 kg, et avoir environ 30 ans. À ces particularités physiques devaient s'ajouter un moral d'acier et des capacités d'adaptation à toute épreuve… car un voyage dans l'espace n'est pas une partie de plaisir ! Plus tard, des civils seront à leur tour sélectionnés. Ainsi, en 1986, une enseignante, Christa Mc Auliffe, prendra place dans la navette américaine *Challenger* ; sa mission : enseigner depuis l'espace aux enfants américains. Malheureusement, la navette explosera peu après son décollage, et tout l'équipage périra dans cet accident.

Devinette

Mon premier est américain, mon deuxième est russe, mon troisième français et mon quatrième chinois. Mon tout est un homme ou une femme qui voyage dans l'espace ! Astronaute, cosmonaute, spationaute, taïkonaute... Aujourd'hui, on utilise indifféremment l'un ou l'autre de ces mots sans forcément tenir compte de la nationalité de l'individu !

Des Européens dans l'espace

Outre des Américains et des Russes, des Européens se sont rendus dans la station spatiale *Mir*, et se sont entraînés à la Cité des étoiles : une Britannique, Helen Sharman, trois Allemands – Klaus-Dietrich Flade, Ulf Merbold, et Thomas Reiter – et six Français : Jean-Loup Chrétien, Michel Tognini, Jean-Pierre Haigneré, Claudie Haigneré (*photo*), Jean-François Clervoy et Léopold Eyharts.

La Cité des étoiles

Une fois recrutés, les astronautes ne sont qu'au début d'un long chemin, celui de l'apprentissage de leur métier. La Cité des étoiles, à Moscou, est l'un des deux plus grands centres d'entraînement qui existent dans le monde, le second étant situé à Houston (États-Unis). C'est là que se préparent les candidats qui partent sous pavillon russe. C'est une véritable ville, avec différents quartiers, une piscine, des écoles et des commerces. Les astronautes y vivent avec leur famille et s'entraînent du matin au soir pendant deux ou trois ans avant le décollage !

Un programme chargé

Les astronautes reçoivent avant tout une formation de base : ils étudient la mécanique du vol spatial, la navigation, le pilotage, la science et la médecine spatiales, l'informatique. Tous les cours sont en russe ! Pour être en bonne condition physique avant le départ, les candidats font six heures de sport par semaine. Une préparation médicale intensive permet de recréer, à l'aide de machines telles que le tabouret tournant, la table basculante ou la centrifugeuse, les conditions de l'impesanteur. L'organisme peut ainsi s'habituer à ses pénibles effets. Comme chaque mission, chaque tâche est spécifique, l'astronaute se spécialise et s'initie (grâce aux simulateurs de vol) aux travaux et expériences qui lui incomberont dans l'espace. Enfin, cerise sur le gâteau : l'astronaute doit envisager un retour sur Terre potentiellement difficile. Il suit ainsi une préparation à la survie en cas d'atterrissage dans un milieu hostile…

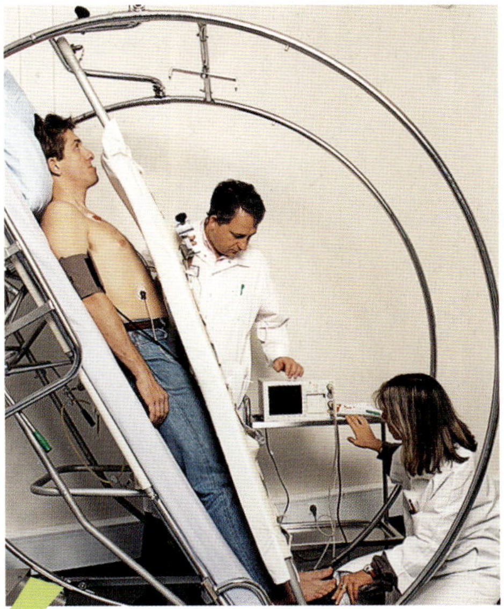

Sur cette table basculante, le corps de l'astronaute est incliné dans diverses positions provoquant l'afflux du sang vers la tête.

À la Cité des étoiles, des cosmonautes s'entraînent en piscine.

Marcher sur la Lune

« La Lune est le rêve du Soleil », disait le peintre Paul Klee. C'est aussi celui des hommes : le satellite naturel de la Terre, parce qu'il est le corps céleste le plus proche de nous, est à la fois objet d'imagination, objet de conquête et enjeu politique.

Dans *Le Voyage dans la Lune* (1902), Georges Méliès imagine qu'un obus habité vient se ficher dans le sol lunaire.

Du rêve à l'œuvre d'art

Beaucoup d'œuvres littéraires ou cinématographiques ont emmené des hommes sur la Lune. Cyrano de Bergerac, au XVIIe siècle, écrit le *Voyage dans la Lune*. Jules Verne y expédie en 1865 son héros, Michel Ardan, dans *De la Terre à la Lune* ; il contera la suite de cette aventure dans l'ouvrage *Autour de la Lune* en 1870. Dès les débuts du cinéma, la conquête de notre satellite est portée à l'écran dans le premier film de science-fiction, *Le Voyage dans la Lune*, de Georges Méliès. Cet astre est bien à portée de rêve !

Un enjeu politique

Dans les années 1950-1960, le monde est divisé en deux grands blocs, l'un rassemblé autour des États-Unis, l'autre autour de l'URSS, dont l'actuelle Russie est le noyau. Ces deux puissances luttent pour la domination du monde, et se livrent ce qu'on a appelé la guerre froide. Dans le domaine scientifique, c'est à qui conquerra l'espace le premier. Les ingénieurs soviétiques cumulent les réussites : premier satellite en orbite autour de la Terre, premier être vivant dans l'espace, premier homme… De leur côté, les Américains tentent de combler leur retard. Mais qui réussira à attraper la Lune ?

Des sondes préparent l'arrivée des hommes

Luna, URSS (de 1958 à 1976) : première sonde, premier impact, premiers atterrissages.
Pioneer, États-Unis (de 1958 à 1960) : échecs répétés.
Ranger, États-Unis (de 1961 à 1969) : 6 échecs sur 9, mais 17 000 images prises du sol lunaire, pour préparer les missions suivantes.
Lunar Orbiter, États-Unis (de 1966 à 1967) : photographie et cartographie détaillées de la Lune.
Surveyor, États-Unis (de 1966 à 1968) : alunissages en douceur et études du sol lunaire.

Décollage de la fusée *Atlas*, avec à son bord la sonde *Lunar Orbiter*.

Missions *Apollo*

En 1961, le président des États-Unis, John Fitzgerald Kennedy, prononce un discours *(photo ci-dessus)* qui restera dans les mémoires : il promet qu'un Américain marchera sur la Lune avant la fin de l'année 1969.
Le pays se mobilise dans ce but : 370 000 personnes vont travailler au projet, nommé *Apollo*.
Un superlanceur, *Saturn 5*, assurera la propulsion du vaisseau spatial *Apollo*. Celui-ci transportera trois astronautes jusqu'à une orbite autour de la Lune.
Le vaisseau sera doté de deux parties distinctes : l'une restera sur cette orbite, pour préparer le retour, tandis que l'autre, occupée par deux des astronautes, sera dépêchée sur la Lune, pour une brève excursion.
Les deux hommes regagneront ensuite la capsule initiale, et tous seront ramenés vers la Terre.

Premiers pas sur la Lune

Six missions *Apollo* ont atteint leur but :
Apollo 11, 20 juillet 1969
Apollo 12, 19 novembre 1969
Apollo 14, 5 février 1971
Apollo 15, 30 juillet 1971
Apollo 16, 21 avril 1972
Apollo 17, 11 décembre 1972.
La mission *Apollo 13* échoua à cause de l'explosion d'un réservoir d'oxygène (*voir p. 123*). Les missions *Apollo 18, 19* et *20* durent être annulées, faute de budget. En 1972, les missions *Apollo* s'achèvent.
Jusqu'à présent, nul n'est retourné sur la Lune.

Apollo 11 : mission réussie !

Imagine… Six cents millions de personnes les yeux rivés sur leur poste de télévision. Pour la première fois, des hommes vont fouler un sol autre que celui de la Terre, et le monde entier va en être témoin !

Neil Armstrong, Michael Collins et Buzz Aldrin, trois astronautes chevronnés âgés de 39 ans, prennent place à bord du vaisseau *Apollo*, dans le cadre de la mission *Apollo 11*. Collins est le pilote du vaisseau, les deux autres hommes descendront sur la Lune.

Le voyage débute le 16 juillet 1969, à 14 h 32 (heure française), lorsque la fusée *Saturn 5* décolle (*photo* ①), emportant sous sa coiffe le vaisseau *Apollo* qui pèse environ 44 tonnes (*photo* ②).

Mer de la Tranquillité

Le 19 juillet à 18 h 21, le vaisseau se satellise en orbite autour de la Lune. Vingt-quatre heures plus tard, Armstrong et Aldrin prennent place dans le module lunaire, nommé *Eagle*. Celui-ci se sépare du reste du vaisseau le 20 juillet à 18 h 47. À 21 h 17, *Eagle* se pose sur la mer de la Tranquillité.

Le 21 juillet, à 3 h 56, Neil Armstrong marche sur la Lune. « C'est un petit pas pour un homme, mais un bond de géant pour l'Humanité », dira-t-il alors. Dix-neuf minutes plus tard, Buzz Aldrin *(en photo)* le rejoint.

Engoncés dans leur scaphandre, les deux hommes se mettent au travail. Ils plantent un drapeau américain sur la Lune, déploient des instruments scientifiques et ramassent 21 kg d'échantillons. Ils se déplacent facilement malgré les 80 kg de leur équipement : sur la Lune, la pesanteur est moindre, et les astronautes se sentent plus légers que sur Terre ! Leurs empreintes de pas resteront marquées dans la poussière du sol lunaire ; en l'absence de vent ou de pluie, rien ne peut les effacer, excepté la chute de petites météorites.

Deux heures plus tard, les astronautes rejoignent le module lunaire, quittent la Lune et retrouvent le vaisseau où Michael Collins les attend.

Le 24 juillet, à 17 h 50, les astronautes amerrissent sur l'océan Pacifique, où ils seront repêchés.

Une foule en liesse acclame les premiers voyageurs de la Lune.

Partir !

Aujourd'hui, c'est le jour du décollage. Les astronautes vont embarquer à bord d'un *Soyouz*, un drôle de vaisseau vissé sur une fusée. Leur objectif : rejoindre la Station spatiale internationale, où ils séjourneront durant plusieurs jours.

La fusée *Semiorka* sur son pas de tir.

Baïkonour, point de départ

Baïkonour est le cosmodrome russe, une sorte de point d'envol pour l'espace situé à 2 100 km de Moscou. Il a été inauguré le 15 mai 1957, quelques mois avant le lancement du premier satellite artificiel, *Spoutnik*. Le lieu est étrange et sauvage : la fusée *Semiorka* se dresse, majestueuse, au milieu de la steppe kazakhe, où la température varie entre – 35 °C en hiver et + 45 °C en été.

À l'intérieur du *Soyouz*, l'espace vital est réduit !

À bord du *Soyouz*

Les astronautes prennent place dans le *Soyouz*, sous la coiffe de la fusée *Semiorka*. Les *Soyouz* sont les vaiseaux spatiaux russes utilisés depuis 1967 pour les vols habités. Imagine un vaisseau à trois places, en forme de capsule. Le lieu est certes exigu, mais un siège a été spécialement moulé à la taille de chaque voyageur. À son bord, les astronautes, partant de Baïkonour, s'élancent vers l'espace.

Décollage immédiat

La fusée décolle. Les sensations sont très désagréables : du fait de l'accélération, les astronautes sont comme cloués à leur fauteuil. Un homme de 70 kg a alors l'impression d'en peser 250 ! Le *Soyouz* se sépare de la fusée au bout d'une dizaine de minutes. Il est satellisé et effectue deux tours de Terre avant de poursuivre sa route en direction de la station. Pour qu'il y ait rencontre entre le *Soyouz* et l'*ISS*, tous deux doivent en effet se trouver sur la même orbite, au même endroit, au même moment et à la même vitesse ! Après deux jours de navigation – et environ 30 tours de Terre – les cosmonautes rejoignent l'*ISS*, à environ 400 km d'altitude (*voir p. 80-81*).

Vue extérieure du *Soyouz*.

Autres ports pour l'espace

Outre Baïkonour, il existe d'autres ports terrestres pour l'espace. Celui de la Chine se situe à Jiuquan. Celui des États-Unis se situe à cap Canaveral en Floride. Entre 1981 et 2011, cap Canaveral a été la base de lancement des navettes spatiales américaines. Les astronautes embarquaient dans une navette arrimée à un gigantesque réservoir et à deux propulseurs qui retombaient sur Terre après le décollage. Au contraire de *Soyouz*, qui peut revenir intacte sur notre planète et est réutilisable. Un équipage de sept personnes pouvait prendre place dans un tel engin.

Des vacances dans l'espace

Certes, ce type de tourisme n'est pas donné à tout le monde. Pour l'instant, un séjour d'une semaine à bord de l'*ISS* coûte une vingtaine de millions de dollars, et demande au moins un an d'entraînement. Sept personnes ont pu le faire entre 2001 et 2009. Des sociétés envisagent de commercialiser, dès les années 2010, des vols paraboliques* suborbitaux (à plus de 100 km d'altitude) pour faire vivre sept minutes d'impesanteur à quelques passagers. D'autres proposeraient au public des vols paraboliques semblables à ceux que réalisent les astronautes lors de leur entraînement. Grand frisson garanti !

Une maison dans l'espace

À 400 km d'altitude environ au-dessus de la Terre, la Station spatiale internationale, le plus grand vaisseau spatial construit à ce jour, accueille des astronautes.
Son objectif : assurer une présence humaine permanente dans l'espace.

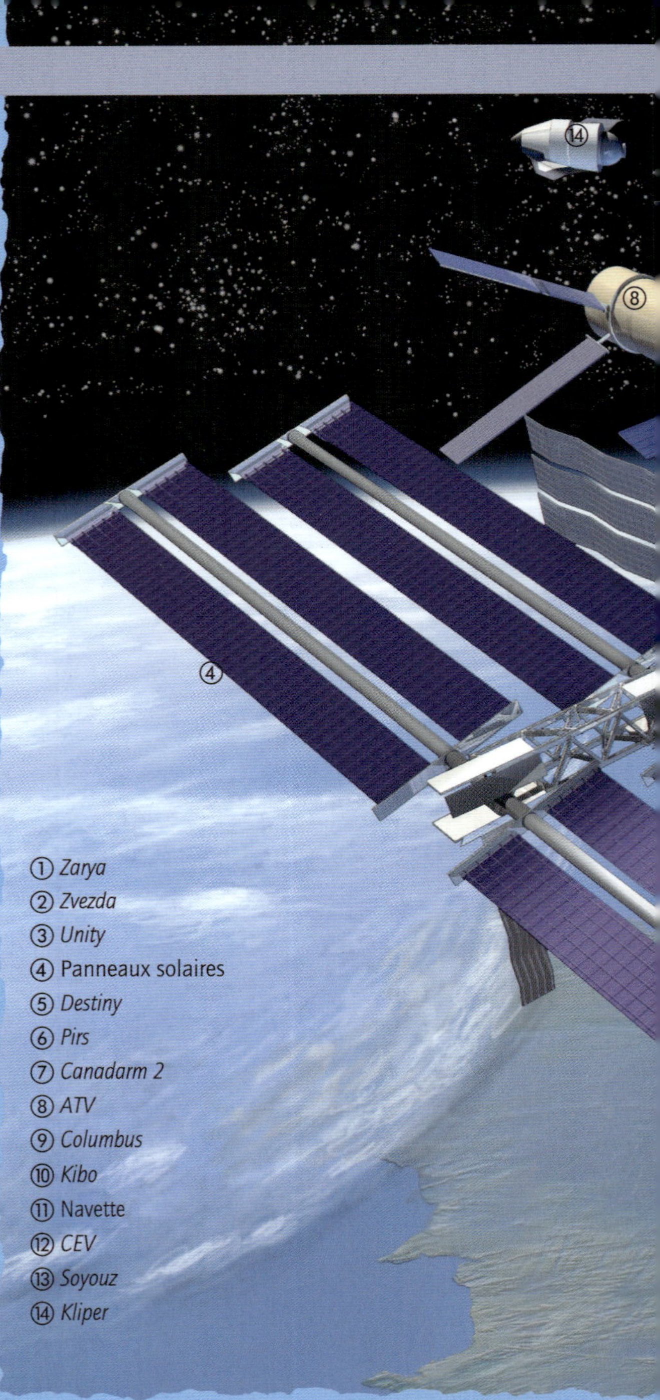

Transports en commun

Pour se rendre dans la station ou pour en repartir, les équipages disposaient jusqu'en 2011 de deux moyens de transport : le vaisseau *Soyouz* ou la navette (*voir p. 110-111*). Depuis le retrait des navettes, les astronautes de toutes nationalités doivent emprunter le vaisseau *Soyouz*. Elles doivent cependant être remplacées par un nouveau véhicule encore en cours de développement. Pour ravitailler la station en carburant et en nourriture, de nouveaux vaisseaux-cargos ont été conçus comme l'Américain *Progress* et l'Européen *ATV*, qui a fait son premier vol en 2008. Ils servent aussi de camions poubelles : les astronautes y jettent leurs déchets, et les vaisseaux sont ensuite renvoyés vers la Terre, pour brûler dans son atmosphère.

Entamée en 1998, la construction de ce vaisseau s'est interrompue entre 2003 et 2006. Mission après mission, des éléments sont assemblés. Aujourd'hui, la station mesure 108 m de long pour 79 m de large, et pèse 465 tonnes. Elle est composée de différents modules.

Zarya a été lancé le 20 novembre 1998. C'est le premier module (russe) de la station.
Il sert surtout au stockage du matériel et de la nourriture.
Unity est une sorte de grand couloir fixé au module *Zarya* le 6 décembre 1998. Ce "nœud de communication" permet de circuler d'un module à l'autre.

Zvezda est le module d'habitation. Long de 13 m, il est doté d'une cuisine, de couchettes, d'une infirmerie, de toilettes. Il accueille également le poste de pilotage de la station. Capable de se déplacer seul, il a rejoint les deux précédents modules en juillet 2000, rendant la station habitable.

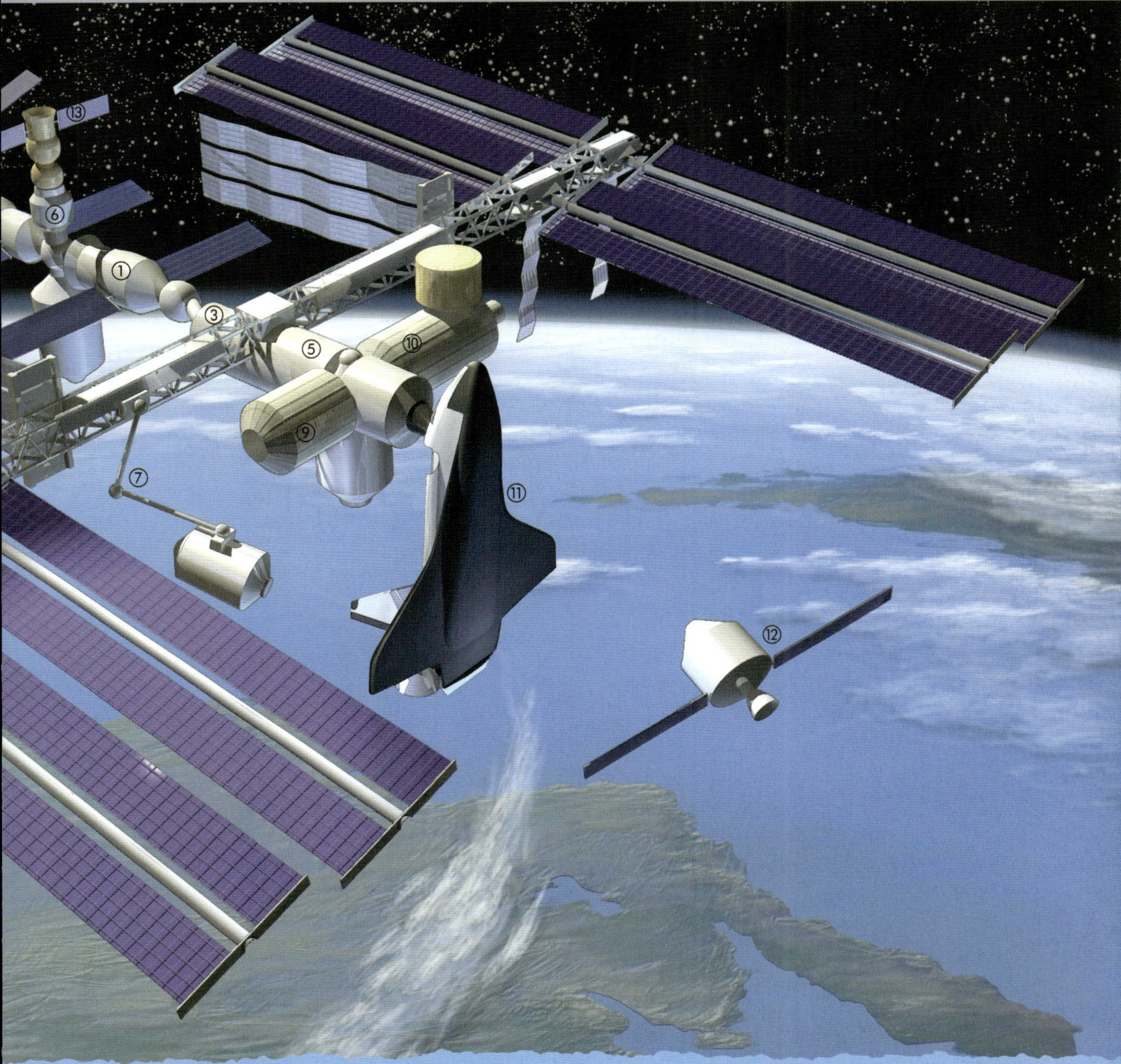

Destiny, ***Columbus*** et ***Kibo*** sont des laboratoires dans lesquels les astronautes mènent des expériences scientifiques. ***Quest Joint Airlock*** est le sas américain permettant de sortir dans l'espace. ***Pirs*** est le sas de sortie russe ; c'est aussi l'un des deux points d'arrivée des vaisseaux *Soyouz*.

De gigantesques **panneaux solaires** captent l'énergie du Soleil et la convertissent en électricité, nécessaire à l'éclairage et au bon fonctionnement de la station. Le bras-robot ***Canadarm 2*** a été installé le 22 avril 2001.

La Station permet d'acquérir une grande expérience des séjours longs en orbite, mais de nombreux reproches s'élèvent sur son coût. Son utilisation reste planifiée jusqu'en 2028, mais avec de grandes incertitudes financières, du fait du désengagement envisagé par les principaux partenaires du projet.

Chronique de l'impesanteur

Dans l'espace, il n'y a plus ni haut ni bas ; les liquides se mettent en boule, tout s'envole et devient vite incontrôlable. La responsable de ce grand chambardement se nomme l'impesanteur.

Les lois de la pesanteur

La force de gravité (et donc la sensation de poids) que nous ressentons sur Terre résulte de l'attraction que cette dernière exerce sur nous *(voir p. 56)*. Si elle avait une masse moindre, nous ressentirions de façon moins forte la pesanteur : sur la Lune, les astronautes ont l'impression d'être six fois plus légers que sur Terre ! La Station spatiale internationale, comme n'importe quel satellite en orbite, "tombe autour" de la Terre. L'astronaute, dans la station, chute à la même vitesse que celle-ci ; c'est comme s'il flottait ! On dit que l'astronaute est en impesanteur ; il ne sent plus son poids.

Astronaute s'entraînant à réagir en impesanteur.

Dur, dur d'être astronaute !

La microgravité* a aussi des aspects contraignants. Ainsi, le corps ne fonctionne plus comme sur Terre. Le sang, par exemple, n'est plus attiré vers le bas du corps par la pesanteur terrestre ; du même coup, il remonte dans la tête de l'astronaute. Les veines du cou et du visage gonflent et les yeux rougissent. Par ailleurs, les muscles ne sont plus utilisés lors des déplacements : ils s'atrophient (d'où la pratique obligatoire et quotidienne de plusieurs heures de musculation !) et les os deviennent fragiles.

En absence de pesanteur, les objets, s'ils ne sont pas attachés, sont agités de mouvements incontrôlables et flottent dans l'habitacle.

Pour se déplacer, l'astronaute doit se repousser du pied ou de la main contre la paroi de la station.

Quand le corps s'allonge

Un astronaute grandit dans l'espace : sa colonne vertébrale n'est plus compressée, comme elle l'est sur Terre, par la gravité. Les vertèbres s'écartent alors les unes des autres, et le corps s'allonge, parfois de plusieurs centimètres. Toutefois, de retour sur Terre, l'astronaute retrouve sa taille habituelle en quelques jours.

14 mois en impesanteur

Valeri Poliakov est l'homme qui a séjourné le plus longtemps dans l'espace : en 1994 et 1995, il a passé 437 jours à bord de *Mir* ! À son retour sur Terre, ses jambes ne le portaient plus ; lors de son séjour dans la station, il faisait pourtant quotidiennement entre 4 et 5 heures de musculation...

Le blues du spationaute

Le corps étant privé de ses repères habituels, les sens de l'équilibre et de l'orientation sont eux aussi modifiés. Il y a une sorte de décalage entre ce que l'astronaute voit avec ses yeux, et ce que le cerveau ressent. Il va falloir à l'homme quelque temps pour s'adapter à ce nouvel environnement. Les premiers jours dans la station, il peut souffrir du mal de l'espace. Celui-ci est semblable au mal des transports, et se traduit par des nausées, des maux de tête, des vomissements…

Invité dans la station

Depuis novembre 2000, la Station spatiale internationale accueille en permanence des équipages de deux, trois ou six personnes. Souhaites-tu découvrir leurs conditions de vie là-haut ? La station t'invite : bienvenue à bord !

Dans la station, la vie n'est pas rythmée par l'alternance du jour et de la nuit : le vaisseau tourne rapidement autour de la Terre et les astronautes voient le Soleil se lever seize fois en 24 heures ! Toutefois, ils gardent un rythme terrestre en adoptant les horaires des techniciens qui suivent la mission au sol. Les astronautes étant soumis à l'absence de pesanteur, tous leurs gestes quotidiens doivent être adaptés à ce contexte, du lit à la table, en passant par la "salle de bains" ou le laboratoire…

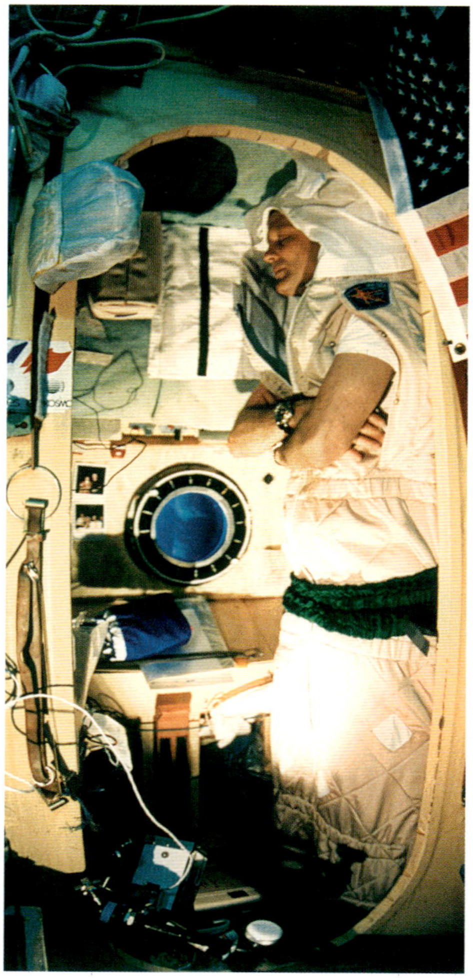

La chambre à coucher

La chambre d'un astronaute ne ressemble à aucune autre : le lit est en fait un sac de couchage fixé à la paroi de la station. Pour éviter de se réveiller au beau milieu du vaisseau – en l'absence de pesanteur, le plus petit mouvement suffirait à éjecter le dormeur de sa couche –, l'astronaute est attaché par des sangles, et sa tête est retenue par une bande Velcro.

Pour se laver les cheveux, l'aspirateur est obligatoire afin d'éviter que les gouttes d'eau ne s'échappent.

Un brin de toilette

Du fait de la microgravité*, il est difficile de prendre une vraie douche… les astronautes se lavent donc avec des serviettes humides. Se raser relève aussi de la haute technologie : pour que les poils ne s'envolent pas partout, les rasoirs sont munis de petits aspirateurs.

Une journée de travail

Après avoir pris leur petit déjeuner, les astronautes se mettent au travail. Au laboratoire, de multiples expériences les attendent, qui toutes ont pour condition la microgravité. Certaines ont trait à la médecine : l'observation du comportement du corps humain, du sang, du cœur, l'élaboration d'antibiotiques, la mise au point de nouveaux médicaments grâce à l'étude de protéines cristallisées* sous l'effet de l'impesanteur, font ainsi partie des tâches courantes d'un astronaute.

Astronaute au travail.

Cet homme enregistre les réactions de son corps durant l'effort.

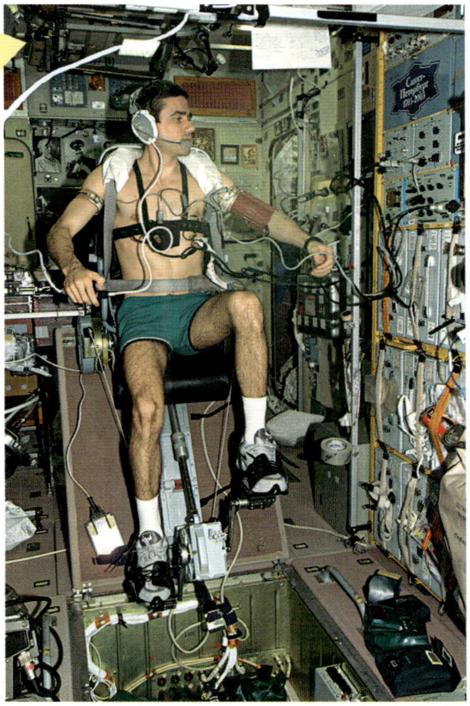

Étudier la vie en impesanteur

Un autre sujet de recherche consiste à réaliser des matériaux spécifiques, tels que des alliages métalliques très solides. Dans le domaine de la biologie, on étudie le développement d'embryons d'animaux ou la croissance des plantes en situation d'impesanteur. Autant dire que le travail ne manque pas ; les journées sont bien remplies !

Une station vraiment internationale

Seize pays collaborent pour entretenir cette maison de l'espace : les États-Unis, la Russie, le Canada, le Brésil, le Japon, le Danemark, la France, l'Allemagne, l'Italie, la Belgique, la Hollande, la Norvège, l'Espagne, la Suède, le Royaume-Uni et la Suisse. Des ressortissants de ces diverses nations s'y retrouvent et cohabitent le temps d'une mission.

Des repas adaptés

Manger n'est pas une mince affaire dans l'espace ! Une viande en sauce ne conviendrait pas ; des concombres à la crème non plus. Ce n'est pas de sitôt que l'on verra un astronaute s'affairer devant un réchaud… La plupart des repas, dont les menus sont établis avant le départ par des diététiciens, sont déshydratés et emballés dans des poches en aluminium. On injecte de l'eau à l'intérieur, on fait réchauffer et… à table ! Là encore, la prudence est de mise : pas question de faire des miettes, qui se mettraient à voltiger dans tout l'habitacle, ou de laisser s'échapper le contenu de son verre, qui se transformerait en une bulle incontrôlable. Le repas terminé, les déchets sont récupérés et entreposés dans le vaisseau-poubelle *(voir p. 113)*. Le travail peut reprendre.

Des mets pas si spatiaux !

Les astronautes emportent souvent dans leurs affaires des spécialités culinaires de leur pays d'origine ; comme les équipages sont composés de plusieurs nations, les repas sont hauts en couleur ! La fine cuisine française peut ainsi côtoyer les saucisses caucasiennes, le caviar ou la soupe au fenouil.

Sport obligatoire

L'astronaute doit se maintenir en bonne condition physique : plusieurs heures de sport par jour lui permettent d'utiliser ses muscles, bien peu sollicités autrement ! Au programme : 10 km de course sur un tapis roulant, des exercices de musculation, 15 km en vélo d'appartement… Les inconvénients majeurs de l'impesanteur – perte des muscles et fragilisation des os – lui seront ainsi en partie évités.

Place aux loisirs

Enfin quelques instants de détente ! Les astronautes ont pris soin d'apporter le nécessaire pour se distraire : l'un sort son instrument de musique, un autre regarde un film ou écoute un CD, un troisième lit. Le moment des communications avec la Terre est attendu avec impatience : la solitude des voyageurs de l'espace est alors comme mise entre parenthèses, les voix de leurs proches les aidant à vaincre d'éventuelles baisses de moral. Un autre de leurs passe-temps favoris consiste à regarder la Terre par le hublot de la station, qui de là-haut leur apparaît si belle et si fragile…

Une maison bien mal rangée

La station *Mir*, ancêtre de la Station spatiale internationale, était un capharnaüm sans nom : les astronautes abandonnaient souvent leurs affaires en repartant. L'inventaire d'un des derniers visiteurs de la station évoque, entre autres choses, 25 cassettes, 1 060 composants d'appareillage électronique, 6 ordinateurs, 30 sachets de shampooing sec, 40 savons, un paquet de lames de rasoir, sans parler des souvenirs et autres effets personnels des spationautes !

Sortir dans l'espace

Pour certaines opérations délicates – réparation d'une partie de la station ou de la navette, mise en place ou récupération d'expériences exposées au milieu spatial – les astronautes doivent sortir dans le cosmos. Des missions de haute voltige, durant lesquelles ils deviennent très vulnérables.

Scaphandre spécial pour sortie spatiale

L'espace est un milieu très hostile pour l'homme : pas d'air, une température variant en fonction du Soleil de –150 °C à +150 °C, des rayonnements cosmiques mortels… on ne sort pas facilement de la station orbitale ! Des scaphandres adaptés ont été conçus pour permettre une isolation complète de l'astronaute à l'égard de l'environnement extérieur, pendant près de sept heures. Ils sont constitués de plusieurs couches de matériaux souples et isolants. Une visière de protection permet en outre au spationaute de se prémunir contre les rayonnements cosmiques. Sur Terre, cet équipement pèse plus de 100 kg… Heureusement, dans l'espace, l'astronaute ne ressent pas son poids !

Le 18 mars 1965, le cosmonaute russe Alekseï Leonov effectue la première sortie dans l'espace, appelée aussi sortie extra-véhiculaire (*EVA*, en anglais). Elle durera 12 minutes et 9 secondes.

Attention, le sas s'ouvre !

Dans *On a marché sur la Lune*, la bande dessinée d'Hergé, le capitaine Haddock s'échappe en solitaire de la fusée ; le cas est plutôt rare ! Les astronautes sortent toujours par deux, pour s'entraider. Trois heures de préparatifs dans le sas du vaisseau leur sont nécessaires pour revêtir leur scaphandre. Ensuite, la porte s'ouvre, et derrière elle se trouve le vide spatial. Les astronautes vont bientôt quitter l'ambiance confinée de la station pour se retrouver immergés dans le cosmos.

Liberté surveillée

Lors d'une sortie extra-véhiculaire, les astronautes sont surpris par le noir absolu, et par le magnifique spectacle de la rotondité de la Terre. Leurs coéquipiers, dans la station, ainsi que des ingénieurs au sol, suivent attentivement leur évolution et leur condition physique, grâce aux électrodes implantées dans leur scaphandre. Une sortie dure en moyenne sept longues heures, et provoque du stress et de la fatigue.

Nez à nez avec le vide

Enfin, l'astronaute "saute" dans le vide, s'agrippant et s'attachant en permanence aux poignées et aux barres fixées sur les flancs extérieurs de la station. Il arrime tout aussi solidement son matériel pour éviter que celui-ci ne lui échappe. S'il doit récupérer un satellite par exemple, il peut utiliser un bras mécanique télécommandé par son équipier. Pour aller encore plus loin et s'éloigner en toute autonomie de la navette ou de la station, les Américains puis les Russes ont conçu un scooter particulier. L'astronaute est équipé d'une sorte de sac à dos propulsif ou fauteuil volant, dont les accoudoirs sont munis de manettes qui lui permettent d'évoluer librement dans le vide. Il s'éloigne ainsi d'une centaine de mètres de son vaisseau ! Peu utilisé, ce dispositif est aujourd'hui abandonné.

En danger dans l'espace

Conquérir l'espace n'est pas sans risque : exposés à des radiations* importantes, les astronautes savent que la moindre défaillance technique, la moindre collision peuvent leur être fatales.

Des dangers venus du cosmos

Buzz Aldrin et Neil Armstrong – les pionniers du déplacement sur la Lune – sont les premiers à repérer des sortes d'éclairs se produisant tout au long du voyage qui les conduit de la Terre à la Lune.

On sait maintenant que ce sont des rayons cosmiques en provenance de l'espace ; ils frappent les cellules de la rétine comme celles du cerveau, et les détruisent sans que l'on s'en aperçoive. Ils pourraient même rendre les astronautes aveugles en cas de voyages interplanétaires plus longs.

Un autre péril peut surgir du cosmos : les impacts de météorites. Des milliers de blocs de roches sont en effet en circulation dans l'espace. Une collision sérieuse avec un vaisseau – avec les conséquences néfastes que l'on peut imaginer – est toujours à craindre.

Sur ce dessin, des débris divers, fragments de fusées ou de satellites, s'accumulent dans la banlieue de la Terre.

Pic de pollution spatiale

Environ 150 000 objets de plus de 1 cm de diamètre, fabriqués cette fois-ci par des hommes, sont en orbite autour de la Terre. Il s'agit de débris de satellites, de minuscules éclats de peinture, ou d'imposants morceaux de panneaux solaires. Si la Station spatiale internationale entrait en collision avec l'un d'eux, cela pourrait provoquer une catastrophe : un petit trou dans la carlingue et c'est la dépressurisation* assurée, et l'évacuation nécessaire des astronautes !

Un premier rendez-vous écourté

Pour apprendre à maîtriser les rendez-vous et à effectuer le premier arrimage dans l'espace, la capsule *Gemini 8*, le 16 mars 1966, effectue une jonction avec la cible *Agena* lancée huit heures plus tôt. Le succès est complet ! Hélas, une demi-heure plus tard, les deux astronautes à bord constatent qu'ils tournent sur eux-mêmes de plus en plus vite. Même en reprenant le contrôle du pilotage, le phénomène se reproduit et s'amplifie. Une vanne d'une tuyère* de l'*Agena* est restée ouverte, mais personne ne le sait ! La seule solution pour les deux hommes est de revenir précipitamment sur Terre, sans demander l'avis des contrôleurs au sol. Leur sang-froid les a sauvés. L'un des deux s'appelait Armstrong ; c'est lui qui, quelques années plus tard, sera le premier homme à fouler le sol lunaire (*voir p. 108-109*).

À Houston, centre de contrôle de la mission *Apollo 13*.

« Houston, nous avons un problème ! »

Le 13 avril 1970, la mission *Apollo 13* décolle en direction de la Lune. Au bout de trois jours, le vaisseau connaît un grave problème : l'un des réservoirs d'oxygène explose, mettant en danger la vie des astronautes. Ces derniers appellent au secours la base terrestre, prononçant cette célèbre phrase : « Allô Houston, nous avons un problème ! » Ils doivent abandonner la capsule pour le module lunaire, qu'ils transforment en une sorte de canot de sauvetage. Les conditions de vie à bord de ce dernier sont difficiles : la température n'excède pas 2 °C, l'air est raréfié, l'eau rationnée… Après des heures tragiques et d'ingénieux bricolages, les trois hommes reviendront sains et saufs sur la Terre.

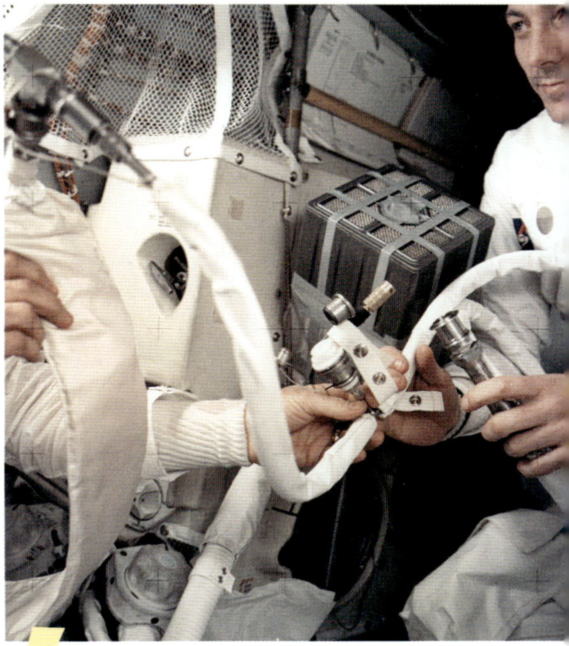

Bricolages à bord d'*Apollo 13*.

Fausses manœuvres

En 1997, un cosmonaute à bord de la station *Mir*, Vassili Tsibliev, doit piloter manuellement le vaisseau-cargo *Progress* pour l'arrimer de nouveau à la station. Soudain, cette simple opération de routine tourne au cauchemar : le contrôle de l'engin échappe totalement à Tsibliev ; *Progress* entre en collision avec la station et le choc provoque une fuite d'air. L'évacuation de l'ensemble de l'équipage semble imminente, mais les hommes à bord, à force d'acharnement, réussiront finalement à sauver la station !

Retour sur Terre

Une mission à bord de la Station spatiale internationale dure entre une semaine et plusieurs mois ; une fois celle-ci achevée, il faut se préparer physiquement au retour sur Terre, ranger soigneusement les résultats des expériences et faire ses adieux aux membres de l'équipage qui restent à bord.

Une combinaison très spéciale
Quelques jours avant le départ, les astronautes intensifient leur entraînement sportif. En plus des exercices physiques habituels (*voir p. 119*), ils peuvent par exemple revêtir plusieurs heures par jour la combinaison *Tschibis* ; son rôle est de simuler les conditions de la gravité terrestre (*voir p. 114-115*) et de redonner au corps, et notamment au cœur, un mode de fonctionnement normal.

Embarquement
Les astronautes qui quittent la station prennent place dans le *Soyouz* (pour les missions russes, comme sur l'image) ou à bord de la navette (pour les missions américaines). Il s'agit dans un premier temps de faire sortir l'engin de son orbite en ralentissant sa vitesse, puis d'entamer l'entrée dans l'atmosphère.

À l'épreuve du feu
L'atmosphère est un formidable bouclier pour la Terre ; le vaisseau, en y pénétrant, subit des frottements très importants qui le freinent. Les astronautes, écrasés sur leur siège par l'augmentation de la pesanteur, voient au travers des hublots une partie de leur véhicule qui semble se consumer. Toutefois, l'ensemble de l'engin est protégé par un bouclier thermique pour les *Soyouz*, ou par un revêtement en tuiles dites réfractaires pour les navettes, qui le protègent de cet échauffement.

Atterrissage

Dans le cas du *Soyouz*, un parachute s'ouvre à 9 000 m d'altitude et freine le vaisseau, ralenti également par l'action de rétrofusées. Le *Soyouz* se pose à faible vitesse dans les plaines du Kazakhstan. Reste aux cosmonautes à rentrer la tête dans les épaules, dans l'attente de l'impact avec le sol. Le *Soyouz* ne traîne pas en chemin et se pose généralement trois heures après avoir quitté l'*ISS*. Ce mode de transport est toutefois très éprouvant, car les cosmonautes y subissent de fortes variations de la gravité. La navette est quant à elle pilotée par des ordinateurs et reprise en main par son commandant pour l'atterrissage. Elle se pose après avoir plané un long moment.

Le plancher des vaches

Les retrouvailles avec la Terre ne sont pas toujours faciles : après avoir connu le mal de l'espace dans la station, les astronautes qui y ont séjourné plusieurs mois sont parfois sujets au mal de Terre ! Ils sont par ailleurs très affaiblis, ont des difficultés à affronter la gravité terrestre, à se déplacer, et doivent faire l'objet d'un suivi médical attentif. Des tentes médicales gonflables sont dressées à cet effet sur le lieu d'atterrissage. Toutefois, en deux semaines, ils retrouvent pour la plupart une vie presque normale, et en un mois environ ils récupèrent l'intégralité de leurs capacités physiques. Preuve que le corps humain a de véritables facultés d'adaptation !

Ambassadeurs de la Terre

La majorité des femmes et des hommes qui sont allés dans l'espace rentrent marqués par leur voyage. Ils se sentent investis d'une mission de défense de cette planète fragile, qu'ils ont eu la chance de découvrir de là-haut. La Terre a trouvé ses ambassadeurs...

Des hommes extraterrestres ?

Si la Terre devenait invivable, du fait d'une pollution excessive, ou si le Soleil, arrivé au stade de géante rouge, menaçait de l'engloutir, les hommes seraient peut-être tentés de trouver refuge dans l'espace. Ils deviendraient ainsi des extraterrestres !

Des projets dans ce sens emplissent les cartons de scientifiques chevronnés. Dans les années 1970, la NASA demande à des artistes d'"inventer" des colonies spatiales artificielles, sous la forme de gros cylindres de 1 500 m de long et d'un diamètre de 300 m, dans lesquelles environ 10 000 personnes pourraient vivre de manière autonome en orbite autour de la Terre. D'autres scientifiques projettent plutôt d'installer une population humaine à l'intérieur d'une comète, d'un astéroïde ou même de la Lune. Ces astres, en effet, contiennent dans leur sol des matériaux qui pourraient être exploitables pour faciliter l'installation des premiers hommes extraterrestres. Une pesanteur artificielle devrait alors être maintenue, tandis que l'on reproduirait des paysages terrestres. Les habitants pourraient ainsi évoluer dans un monde recréé à l'image de leur planète d'origine... Ils utiliseraient les ressources extraterrestres pour obtenir de l'air et de l'eau consommables par les humains.

Vue d'artiste d'une base installée par des hommes dans un cratère lunaire.

Une expérience spatiale sur Terre

Biosphère II est une étrange serre bâtie aux confins de l'Arizona, à l'intérieur de laquelle huit personnes ont vécu pendant un an, de 1993 à 1994. L'objectif était de tester les capacités technologiques et psychologiques d'hommes évoluant sans aucun contact avec l'extérieur. Ils disposaient de 3 800 espèces animales et végétales, qui devaient permettre le maintien d'un taux constant d'oxygène et fournir les matières premières nécessaires. L'expérience s'est soldée par un échec, car la serre n'était pas hermétique !

Objectif Mars ?

L'homme sera-t-il un jour un piéton martien comme il fut un piéton lunaire ? Réussirons-nous à franchir ces millions de kilomètres qui nous séparent de la planète rouge ? Nous pouvons l'imaginer, comme l'ont fait avant nous des écrivains, des cinéastes et des chercheurs.

Des essais... sur Terre

Des pionniers de la conquête martienne, explorateurs dans l'âme, réalisent actuellement des expériences grandeur nature en divers points de la planète... Terre. Hivernages en Antarctique (sur la base franco-italienne de Concordia) pour étudier les réactions des équipes à l'isolement et au confinement ; expérimentation des matériels dans le cratère météoritique d'Haughton, sur Devon Island au Canada (*voir photo*) ; ou encore, reproduction d'une mission complète dans un appartement moscovite… Toutes sortes de projets sont à l'œuvre pour se rapprocher de l'objectif martien.

Mars fait son cinéma

Les films évoquant la venue de Martiens sur notre planète ne manquent pas : *La Guerre des mondes* (le roman de H. G. Wells a donné lieu à plusieurs adaptations), *Mars Attacks !* (Tim Burton, 1996)... Le thème de l'homme en visite sur Mars a également inspiré bien des cinéastes : P. Verhoeven pour *Total Recall* en 1990 (tiré du roman de P. K. Dick), A. Hoffman pour *Planète rouge* en 2000, B. De Palma pour *Mission to Mars* en 2000...

Un très long voyage

Un jour enfin – peut-être vers 2040 –, un équipage embarquera à bord d'un vaisseau martien. On prévoit qu'il sera propulsé par une fusée proche de la *Saturn V* qui mit en orbite les missions *Apollo* (*voir p. 106-109*). Les astronautes verront la Terre s'éloigner de plus en plus, ils ne la retrouveront que dans deux ans et demi, après avoir contemplé les paysages martiens comme nul ne l'aura fait avant eux. Durant leur voyage, ils devront se discipliner et faire de l'exercice pour se maintenir en excellente condition physique et supporter l'impesanteur. Enfin, au bout de six mois, ils se poseront sur Mars.

Voici à quoi pourrait ressembler le vaisseau spatial qui se posera sur la planète Mars.

Sur cette illustration, les humains organisent leur vie sur Mars autour de leur base.

Vivre sur Mars

Il s'agira avant tout de s'installer au mieux sur la planète. Pour cela, les hommes disposeront du module d'habitation dans lequel ils auront voyagé ; doté d'un système de recyclage de l'air, de l'eau et des déchets, il sera le noyau de leur base. Les astronautes y vivront confinés, car sur Mars il n'est pas question de s'exposer à l'air libre : la température moyenne de –53 °C, les écarts de température démesurés, les vents forts, la poussière omniprésente et toxique, l'absence d'oxygène font de cette planète un environnement hostile. Pour sortir, ils disposeront de scaphandres, mais la vie s'organisera surtout à l'intérieur de la base, grâce à l'énergie fournie par la lumière du Soleil, captée par de gigantesques panneaux.

Une deuxième Terre

On appelle Terraformation une idée plus ambitieuse encore, consistant à recréer sur Mars un environnement semblable à celui de la Terre, avec des océans, des fleuves et des forêts. Des scientifiques estiment qu'il "suffirait" de faire fondre les calottes polaires de la planète à l'aide d'un miroir réfléchissant la lumière du Soleil, pour que le climat se réchauffe et que l'eau coule… Affaire à suivre !

Plus loin encore ?

Échapper à l'attraction terrestre, sortir du système solaire, aller à la rencontre des étoiles… En matière de voyages spatiaux, les rêves sont à la dimension de l'univers ! Des chercheurs travaillent pourtant déjà sur le sujet.

De nouveaux moteurs

Une telle conquête n'est pas possible pour l'instant. Les moteurs que nous utilisons aujourd'hui ne produisent pas une énergie suffisante, et ils doivent embarquer une très grande quantité de carburant qui les alourdit de façon considérable : un vaisseau spatial habité ne pourrait même pas franchir la ceinture des astéroïdes ! Pour résoudre ce problème, on a conçu un moteur ionique. Il fonctionne grâce à la transformation de carburant – hydrogène, hélium, deutérium – en plasma*. Le vaisseau spatial s'appuie sur ce plasma, et il est propulsé par un phénomène d'action-réaction *(voir p. 76)*. La sonde *Smart One*, qui a percuté la Lune en septembre 2006 après une longue mission d'observation, était dotée d'un moteur ionique. Un autre type de moteur (dit nucléo-électrique) fonctionne à la manière des centrales nucléaires : de la chaleur est produite par la fission de noyaux atomiques, puis elle est convertie en force de propulsion. Mais le moteur qui nous fera traverser le système solaire reste à inventer…

Essais du moteur Vulcain *(Ariane 5)*.

Vogue, vogue... dans l'espace

Quel point commun y a-t-il entre un bateau à voiles et un vaisseau spatial ? La devinette t'étonne ? Et pourtant… les futurs engins spatiaux pourraient bien se déplacer grâce à une voile solaire. Une membrane très légère serait poussée par la lumière du Soleil, ou par un faisceau laser émis depuis la Terre. Énorme avantage : le vaisseau, totalement écologique, franchirait ainsi de grandes distances sans avoir besoin de s'approvisionner en carburant. L'inconvénient de ce mode de propulsion serait sa lenteur.

Sur ce dessin, le Soleil se reflète sur la voile d'un vaisseau spatial en vol près de Jupiter et d'Europe.

Écrivains-chercheurs

Au début du XXIe siècle, la NASA a lancé un concours pour le moins étonnant : des écrivains de science-fiction devaient fournir des idées de projets relatifs à la conquête de l'espace. S'il avait pu participer, Jules Verne aurait sans doute remporté le premier prix haut la main !

Liftier, 10 000e étage, SVP !

La NASA l'a promis : d'ici la fin du XXIe siècle, il sera possible d'utiliser un ascenseur pour se rendre dans l'espace. L'idée n'est pas nouvelle : en 1979, déjà, l'écrivain Arthur C. Clarke l'évoquait dans son roman de science-fiction intitulé *Les Fontaines du Paradis*. Cet ascenseur spatial se présenterait sous la forme d'un câble de 91 000 km de long, dont le diamètre n'excèderait pas 11 cm. La partie inférieure de ce filin rejoindrait la Terre au niveau de l'équateur, tandis que la partie supérieure se maintiendrait en équilibre dans l'espace. Des navettes circuleraient le long du câble, facilitant d'autant les voyages des astronautes. Qui maîtriserait cette technique pourrait posséder l'espace !

Exploration du système solaire

La conquête spatiale a marqué un tournant dans l'exploration du système solaire : les ingénieurs ont conçu des sondes qui nous ont permis d'approcher les planètes, leurs satellites, et d'autres corps en orbite autour du Soleil. On s'est ainsi aperçu que notre système solaire est bien plus peuplé qu'on ne le pensait auparavant !

À l'assaut des planètes

Pour collecter des informations sur les planètes, des sondes voyagent dans le système solaire. Toutes se ressemblent un peu et toutes se déplacent à peu près de la même façon. Pourtant, elles répondent à des missions très diverses.

Décollage !

Les sondes partent dans l'espace à bord d'une fusée. Cachées sous la coiffe de celle-ci au décollage, elles sont libérées ensuite sur une orbite de transfert, avant de poursuivre leur voyage (*voir p. 84-85*). Tout est question de trajectoire. Mais les sondes ne sont pourtant pas des satellites ! Alors qu'un satellite tourne autour de la Terre, une sonde quitte l'attraction* terrestre et voyage dans l'espace, à travers le système solaire. Elle devient alors un satellite du soleil.

Dans la famille des sondes...

Il existe plusieurs types de sondes.

• Certaines ne font que survoler les planètes. Elles vont de l'une à l'autre en prenant des photos de chacune, comme les sondes *Voyager* qui ont permis de découvrir les planètes géantes (*voir p. 148-151*).

• D'autres sont des orbiteurs et tournent autour d'une planète pendant plusieurs mois : c'est le cas de *Mars Global Surveyor* (*voir p. 143*).

• Certaines encore atterrissent sur le sol de la planète et font des expériences sur place : les sondes *Viking* ont ainsi pris place sur la planète Mars (*voir p. 142*).

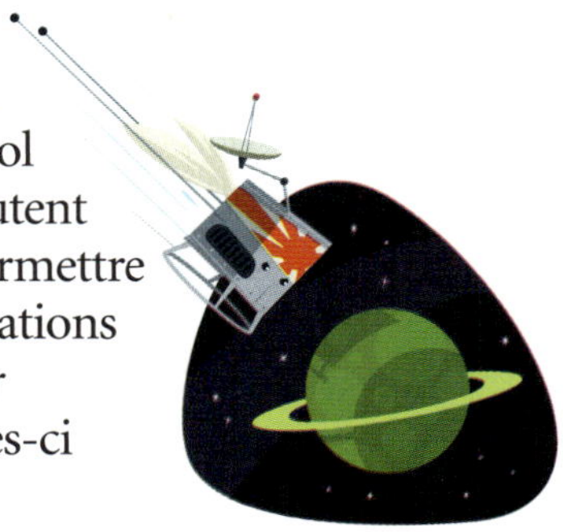

• Enfin, il y a les kamikazes, celles qui se précipitent sur le sol de la planète, le percutent violemment pour permettre d'obtenir des informations sur le sous-sol. *Lunar Prospector* est de celles-ci (*voir p. 141*).

Jusqu'à aujourd'hui, les sondes ne sont pas récupérées : elles sont détruites par un choc, ou s'abîment petit à petit, abandonnées dans l'espace ou sur une planète... D'ici quelques années, les ingénieurs espèrent pouvoir les faire revenir sur Terre, pour qu'elles ramènent des échantillons de cailloux extraterrestres... De quoi enrichir les collections de minéraux de tous les enfants du monde, et surtout de mieux comprendre la composition de ces planètes !

Cours d'anatomie

Toutefois quelque soit leur mission, les sondes ont un aspect relativement similaire. Elles sont munies de panneaux solaires permettant de capter la lumière du Soleil, pour produire l'énergie nécessaire au fonctionnement des divers instruments. Elles disposent aussi d'une grande antenne, dédiée à la communication avec la Terre : des ingénieurs restés au sol peuvent ainsi les télécommander, et elles leur envoient les informations qu'elles collectent. Pour rassembler ces informations, divers instruments sont embarqués à leur bord : des caméras, des outils d'analyse et des instruments de mesure. Les sondes les plus légères pèsent à peine 1 000 kg, c'est le cas de *Mars Express*, partie à la découverte des comètes. Les plus sophistiquées – comme *Cassini Huygens*, partie en direction de Saturne (*voir p. 150*) – pèsent plus de 5 000 kg.

Notre système solaire, depuis août 2006, compte 8 planètes qui sont, en partant du Soleil : Mercure, Vénus, la Terre, Mars, Jupiter, Saturne, Uranus et Neptune.

Portrait du système solaire

Depuis les années 1960, des sondes sont envoyées dans l'espace en direction des planètes. Précisant les observations des télescopes terrestres, elles ont permis d'affiner notre connaissance du système solaire, cet ensemble de corps – planètes, astéroïdes et autres objets rocheux, glacés ou gazeux – tournant autour du Soleil. Petit portrait de l'ensemble, avec quelques-unes de ces envoyées spatiales...

Une longue odyssée...

Pioneer 11 est l'objet humain aujourd'hui le plus éloigné de la Terre. Partie en 1973, cette sonde survola Jupiter en 1974 et Saturne en 1979. Sa mission fut stoppée officiellement en 1995, car elle n'avait plus d'énergie à son bord... Depuis, elle continue son trajet en roue libre vers l'extérieur du système solaire, en direction de la constellation de l'Aigle. Elle devrait passer à proximité d'une étoile de cette constellation dans environ 4 millions d'années !

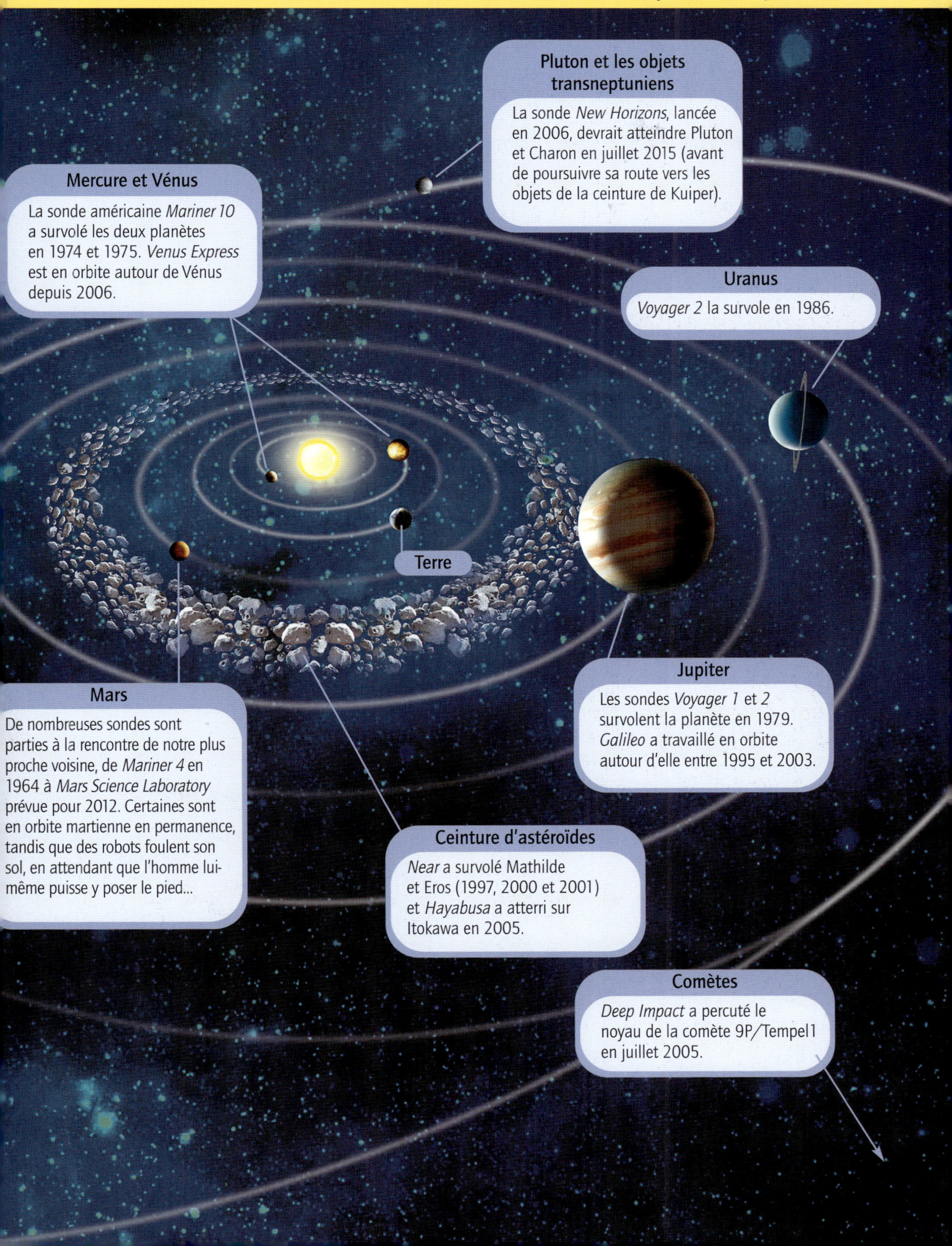

Pluton et les objets transneptuniens

La sonde *New Horizons*, lancée en 2006, devrait atteindre Pluton et Charon en juillet 2015 (avant de poursuivre sa route vers les objets de la ceinture de Kuiper).

Mercure et Vénus

La sonde américaine *Mariner 10* a survolé les deux planètes en 1974 et 1975. *Venus Express* est en orbite autour de Vénus depuis 2006.

Uranus

Voyager 2 la survole en 1986.

Mars

De nombreuses sondes sont parties à la rencontre de notre plus proche voisine, de *Mariner 4* en 1964 à *Mars Science Laboratory* prévue pour 2012. Certaines sont en orbite martienne en permanence, tandis que des robots foulent son sol, en attendant que l'homme lui-même puisse y poser le pied...

Jupiter

Les sondes *Voyager 1* et *2* survolent la planète en 1979. *Galileo* a travaillé en orbite autour d'elle entre 1995 et 2003.

Ceinture d'astéroïdes

Near a survolé Mathilde et Eros (1997, 2000 et 2001) et *Hayabusa* a atterri sur Itokawa en 2005.

Comètes

Deep Impact a percuté le noyau de la comète 9P/Tempel1 en juillet 2005.

À proximité du Soleil...

Les deux planètes les plus proches du Soleil sont respectivement Mercure et Vénus. Elles ont en commun de posséder un sol rocheux, sur lequel un astronaute pourrait poser le pied. Mais cet astronaute irait de surprise en surprise en débarquant...

Mercure souffle le chaud et le froid

Mercure est une planète 2,5 fois plus petite que la Terre. Très proche du Soleil, elle est très exposée à son rayonnement et son atmosphère extrêmement fine ne régule pas les variations de température. Ainsi, le jour, il fait jusqu'à 430 °C, tandis que la nuit, la température descend parfois à – 170 °C. Notre astronaute, s'il a survécu, aurait tôt fait d'y attraper un rhume !

En 1974 et 1975, la sonde *Mariner 10* l'a survolée et a révélé aux scientifiques 40 à 45 % de sa surface. Elle a photographié un paysage semblable à celui de la Lune, criblé de cratères, troué de vallées, bosselé de montagnes. Deux programmes spatiaux à destination de la planète devraient permettre d'en savoir plus. La première sonde, nommée *Messenger*, a été envoyée par les Américains en 2004. Au terme d'un long voyage, elle devrait arriver à proximité de Mercure en 2011. Elle aura pour mission d'analyser la composition de sa surface et de son atmosphère. Le second programme, *Bepi-Colombo*, a été mis au point conjointement par les agences spatiales européenne et japonaise (*vue d'artiste ci-contre*). Deux sondes seront envoyées en 2012 pour cartographier la planète.

Carte d'identité de Mercure

Diamètre : 4 878 km
Distance au Soleil : 58 millions de km
Période de rotation* : 59 jours terrestres
Période de révolution* : 88 jours terrestres
Famille d'appartenance : planète rocheuse

Carte d'identité de Vénus

Diamètre : 12 104 km
Distance au Soleil : 108 millions de km
Période de rotation* : 243 jours terrestres
Période de révolution* : 224 jours terrestres
Famille d'appartenance : planète rocheuse

Vénus : une planète sous les nuages

À son arrivée sur Vénus, il est à craindre que notre astronaute soit très déçu : Vénus est certes de la même taille que la Terre, mais la ressemblance s'arrête là ! La planète est tout entière recouverte d'une épaisse atmosphère d'acide sulfurique, un gaz très nocif à base de soufre. Les rayons du Soleil sont alors piégés à la surface, la réchauffant démesurément (on appelle cela l'effet de serre) : la température s'élève à près de 500 °C. Bien qu'elle soit très proche et très brillante, Vénus nous est longtemps restée inconnue, car sa surface, cachée sous les nuages, est inobservable depuis la Terre. Seule la sonde *Magellan*, dont la mission a duré de 1990 à 1994, a pu, grâce à une observation radar, la photographier. Elle a ainsi révélé de vastes plaines, de hautes montagnes (le plus haut sommet, le mont Maxwell, culmine à 11 800 m d'altitude) et de nombreux volcans, sans doute éteints depuis peu. La sonde européenne *Venus Express* est partie dans sa direction en avril 2005 (*dessin d'artiste ci-contre*). Après un court trajet de 153 jours, elle a débuté sa mission d'observation en juin 2006. Depuis, elle ausculte l'atmosphère vénusienne pour fournir des informations concernant sa composition.

La Terre depuis l'espace

Un proverbe mongol prétend que « la distance qui relie la Terre au ciel est celle de la pensée ». Les ingénieurs qui envoient des sondes dans l'espace ont sans doute adopté cette maxime. Depuis l'espace, la Terre, que nous avons l'impression de si bien connaître, nous montre un tout autre visage.

Nombreuses sont les sondes qui, en prenant de l'altitude, se retournent pour un ultime regard et photographient notre planète. Elles nous rappellent ainsi que la Terre est ronde, bleue, car recouverte d'océans sur 71 % de sa surface, et qu'elle possède un sol.

Comme ses proches voisines – Mercure, Vénus et Mars –, c'est une planète rocheuse, ou planète tellurique (du latin *tellus*, la "terre"). Ses reliefs apparaissent contrastés : des vallées, des montagnes, des plaines...

La Terre est enveloppée d'une atmosphère protectrice. Ni trop épaisse comme sur Vénus, ni trop fine comme sur Mercure ou sur Mars, celle-ci protège la surface terrestre des rayonnements nocifs du Soleil, et régule la température. Du fait de ces conditions clémentes, des êtres vivants (végétaux, animaux, humains) ont pu se développer sur la planète.

Carte d'identité de la Terre

Diamètre : 12 756 km
Distance au Soleil : 150 millions de km
Période de rotation* : 1 jour
Période de révolution* : 365 jours
Famille d'appartenance : planète rocheuse

Lorsqu'une sonde, ou des astronautes à bord de la navette spatiale, photographie de nuit notre planète, les activités humaines nous apparaissent nettement : les centres urbains se détachent sous forme de points lumineux.

Outre la multitude de satellites artificiels, la Terre possède un satellite naturel, la Lune, qui tourne autour d'elle en 29,5 jours. Sa conquête n'est plus à entreprendre, puisque des hommes ont foulé le sol lunaire en 1969 (*voir p. 108-109*).

Carte d'identité de la Lune

Diamètre : 3 476 km
Distance à la Terre : 384 000 km
Période de rotation* : 27 jours terrestres
Période de révolution* : 29,5 jours terrestres
Famille d'appartenance : satellite rocheux

De nombreuses sondes ont étudié la surface de la Lune et son environnement, révélant notamment la présence d'eau dans certaines régions (*voir p. 23*). L'une d'elles, *Lunar Prospector*, a violemment percuté la Lune en 1999. Les scientifiques espéraient alors que de l'eau jaillirait du sous-sol en grande quantité. Mais leurs attentes ont été déçues ! Une prochaine mission résoudra sans aucun doute le mystère de l'eau lunaire...

Mars, mission après mission

Longtemps, Mars a été source d'inspiration pour les écrivains, les cinéastes, les scientifiques... On voulait voir dans les observations terrestres des constructions extraterrestres… et l'on imaginait des hommes verts sur la planète rouge ! Pour en avoir le cœur net, on envoie, en 1964 la sonde *Mariner 4* qui survole Mars et infirme le mythe des martiens. Depuis les années 1960, plus de quarante engins ont été envoyés vers Mars !

Les *Viking* précurseurs

En 1975, les atterrisseurs *Viking* 1, puis *Viking* 2, partent à l'assaut de Mars. Lorsqu'ils se posent sur la surface de la planète et transmettent leurs premières photos aux ingénieurs sur Terre, la consternation est grande : on y voit un sol rouge, des rochers, mais pas un lac, ni l'ombre d'un martien... Ces sondes réalisent aussi des analyses du sol, de la température, de la composition chimique de l'atmosphère. Elles effectuent des expériences d'exobiologie (l'exobiologie étant l'étude de la vie extraterrestre). Pour cela, elles prélèvent des échantillons du sol, auxquels elles font subir des réactions chimiques. Les résultats sont censés fournir la preuve de la présence, ou non, de vie sur Mars. Malheureusement, impossible de trancher réellement cette question. Dans les années suivantes, de nombreuses sondes sont envoyées par les agences américaine, russe ou européenne dans cette direction. Mais presque une sonde sur deux se perd ou disparaît sans laisser de trace...

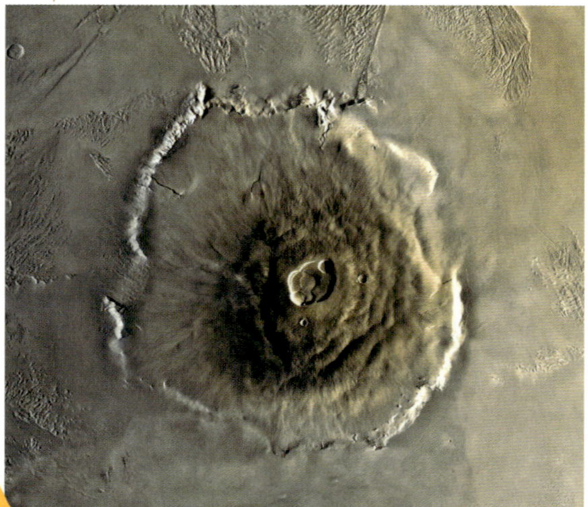

Olympus Mons, un volcan martien.

Carte d'identité de Mars

Diamètre : 6 796 km
Distance au Soleil : 228 millions de km
Période de rotation* : 24 h et 39 min
Période de révolution* : 687 jours
Famille d'appartenance : planète rocheuse
Signes particuliers : 2 satellites rocheux, Phobos et Deimos

Mars Global Surveyor et les traces d'eau

Cette sonde américaine part en 1997 à destination de Mars. Après 300 jours de voyage, elle se met en orbite autour de la planète rouge pour en étudier la surface, l'atmosphère, la structure interne... Tout au long de sa mission, elle délivre de magnifiques photos, dévoilant des paysages étonnants, et notamment des traces d'écoulements d'eau : d'anciennes rivières, des fleuves asséchés, des mers aujourd'hui disparues, et une imposante calotte* glaciaire aux pôles. À l'issue de la mission, on peut conclure à la présence, dans le passé, d'eau sur Mars... Une question toutefois subsiste : qu'est devenue cette eau ? S'est-elle échappée dans l'espace, a-t-elle gelé en profondeur ?

Une calotte glaciaire est visible aux pôles martiens.

Vue d'artiste de la sonde *Mars Odyssey*.

Et une *Odyssey* de plus !

Lancée en avril 2001, *Mars Odyssey* atteint son but en octobre de la même année. La sonde se met alors en orbite autour de la planète. En avril 2002, la mission commence. Au programme : analyser l'atmosphère martienne. C'est ainsi qu'est détectée une grande quantité d'hydrogène, témoin de la présence de glace à faible profondeur dans le sous-sol martien. La mission s'étalant sur plusieurs années, la sonde fournit aux scientifiques des données concernant les variations de la calotte polaire, saison après saison, année après année.

Des roues sur Mars

Le voyage de sondes automatiques vers Mars reste périlleux. Jalonné de cuisants échecs, il affiche aussi de belles réussites technologiques : des robots se déplacent maintenant à la surface de la planète, y apportant l'intelligence artificielle à défaut de toute autre forme de vie. Zoom sur ces roues terrestres en pays rouge...

De petites "voitures" téléguidées

Ces engins, appelés *rovers*, sont aujourd'hui au nombre de trois. Chacun est arrivé sur Mars par parachute *(dessin ci-dessous)*, blotti dans un atterrisseur entouré d'une grappe de ballons – des airbags, proches de ceux de nos voitures – gonflés quelques secondes avant d'atterrir. Ces robots, munis de six roues, sont recouverts de panneaux solaires qui captent l'énergie du Soleil et la convertissent en électricité. Tous disposent de divers instruments d'analyse et de mesure : ils recueillent des informations qu'ils envoient ensuite sur Terre par l'intermédiaire de l'atterrisseur, ou directement vers d'autres sondes déjà en orbite. Depuis la Terre, chaque jour, des ingénieurs expédient aux *rovers* des instructions très précises concernant le trajet à parcourir.

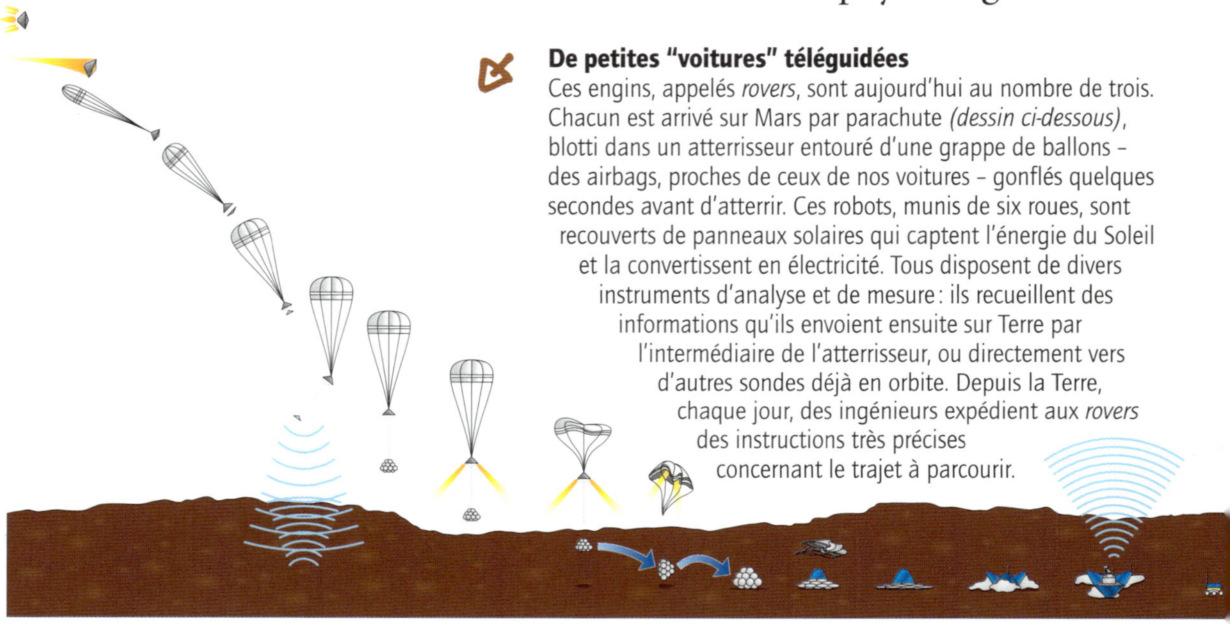

Le premier

Le premier des trois robots s'appelle *Sojourner*, mais on le surnomme Rocky. La sonde *Mars Pathfinder* l'a acheminé en juillet 1997. Pendant 84 jours, il s'est promené lentement à la surface de la planète rouge, accumulant photos et analyses. Il n'a pas couvert de grandes distances, mais a prouvé qu'il était possible d'expédier de tels engins sur Mars. Sa mission expérimentale a pris fin lorsque son atterrisseur, qui relayait les liaisons avec la Terre, cessa brusquement d'émettre.

Carte d'identité de Sojourner

Masse : 10,5 kg
Taille : longueur 63 cm ; largeur 48 cm ; hauteur 28 cm déplié
Vitesse : 24 m/h
Date de mise en service : 5 juillet 1997
Fin de la mission : 27 septembre 1997
Durée de vie : 84 jours martiens
Distance parcourue sur Mars : 100 m
Résultats : 550 photos, quelques analyses de sol

Spirit et Opportunity : des sœurs jumelles sur Mars

Plus perfectionnés et plus gros que *Sojourner*, mieux armés pour une mission plus longue, *Spirit* et *Opportunity*, les deux *rovers* d'exploration, ont atterri sur Mars en janvier 2004, en deux endroits distincts. Actuellement encore en fonctionnement, ces deux robots autonomes recueillent de précieuses informations concernant la structure géologique des roches près desquelles ils passent. Leurs observations confirment que de l'eau a coulé sur Mars dans un passé très récent.

Carte d'identité de Spirit et Opportunity

Masse : environ 174 kg
Taille : longueur 1,66 m ; largeur 2,30 m ; hauteur 1,58 m
Vitesse : 1 m/min, soit 60 m/h
Date de mise en service : 3 janvier 2004 pour *Spirit* ; 24 janvier 2004 pour *Opportunity*
Durée de la mission : encore en activité en 2006
Distance parcourue sur Mars : *Spirit*, environ 7 000 m ; *Opportunity*, environ 8 000 m
Résultats : déposés sur Mars pour une mission de 3 mois, les deux *rovers* continuent à fonctionner 2 ans plus tard ! La moisson scientifique dépasse tout ce qui était envisageable.

Aux suivants !

L'atterrissage en 2008 de *Phoenix* près de la région polaire Nord a permis de confirmer la présence d'eau gelée. Et la NASA a prévu d'expédier, en 2012, un autre *rover*, toujours plus imposant, nommé *Mars Science Laboratory*. Sa masse avoisinerait les 500 kg.

Au pays des astéroïdes

Longtemps considérés comme des rebuts sans intérêt du système solaire, les astéroïdes sont devenus des sujets d'observation très convoités par les astronomes, car ils pourraient nous apprendre beaucoup sur la naissance de notre système solaire.

Où sont-ils, qui sont-ils ?

Un gigantesque anneau de matière, découvert au XIXe siècle, se situe entre les orbites de Mars et de Jupiter. Il est constitué d'environ 40 000 corps rocheux, en révolution* autour du Soleil. On les nomme astéroïdes si leur diamètre excède les 50 m ; en-deçà, ils prennent l'appellation de météorites.

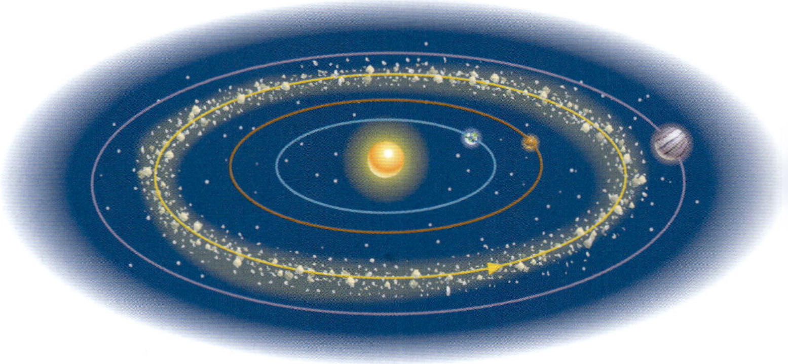

Dans l'attente d'une collision ?

Certains ont une trajectoire qui pourrait les amener à croiser l'orbite de la Terre : on les appelle les géocroiseurs. Les amateurs de scenarii catastrophes, y compris un certain nombre de scientifiques, se plaisent à imaginer une possible collision de notre planète avec l'un de ces corps rocheux. Les dégâts provoqués dépendraient alors de la taille de l'astéroïde. Mais ne cédons pas à la panique, car un tel événement reste peu probable ! Toutefois, un système de surveillance a été mis en place, assurant le suivi des trajectoires de ces objets à risque. En cas de danger, peut-être sera-t-il possible de mettre en œuvre diverses technologies pour détruire ou détourner l'indésirable…

Visite impromptue

Des sondes ont rendu visite à quelques spécimens de cet ensemble. Ainsi *Galileo*, en route vers Jupiter en 1991, a pris en photo Ida et Gaspra. En 1996, la sonde *Near* (*Near Earth Asteroid Rendezvous*) a été lancée en direction de Mathilde, puis d'Eros, deux astéroïdes géocroiseurs. En 1999, elle s'est mise en orbite autour d'Eros et a récolté de nombreuses informations à son sujet : sa surface est criblée de cratères, sa masse n'est pas partout la même… Deux ans plus tard, les scientifiques en charge de cette sonde l'ont posée à la surface de l'astéroïde. Quelques jours plus tard, après avoir retransmis à la Terre d'étonnantes images de la surface de ce corps céleste, *Near* cessait de donner signe de vie.

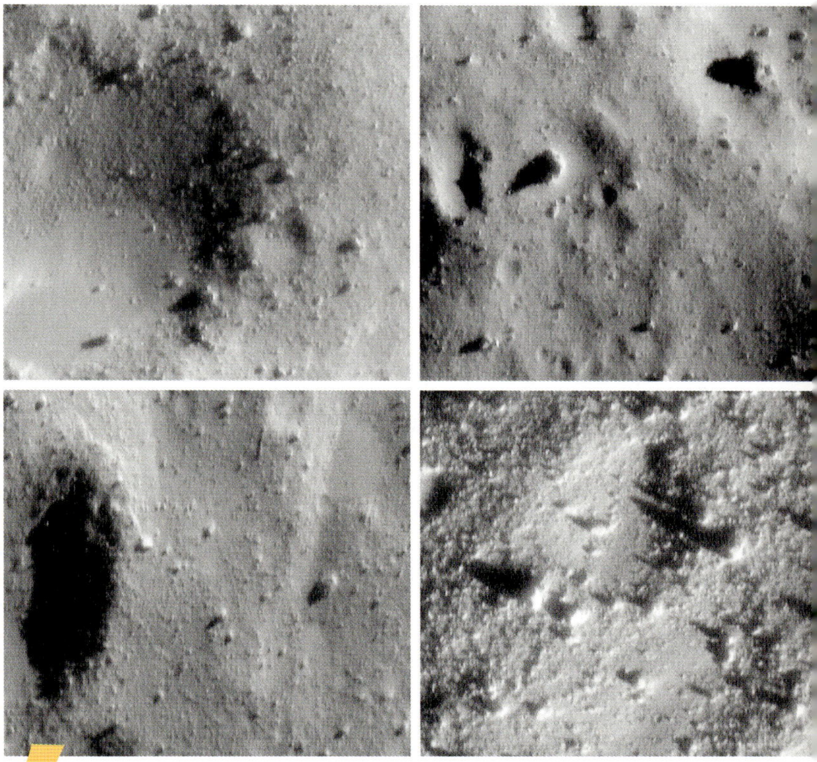

Photos de la surface de l'astéroïde Eros par la sonde *Near*.

Un faucon dans l'espace

L'Agence spatiale japonaise a envoyé dans l'espace une sonde nommée *Hayabusa* ("faucon" en japonais). Après avoir survolé l'astéroïde géocroiseur Itokawa et y avoir atteri quelques minutes en 2005 pour prélever des échantillons de roche, elle a entamé son voyage de retour et devrait revenir sur Terre en 2010.

Ce que cela nous a appris

Les astéroïdes, tels que les sondes nous les ont montrés, sont des corps sans forme particulière : Cérès et Mathilde sont plutôt sphériques, tandis qu'Ida, Gaspra et Eros ont une forme allongée. Ils seraient en fait des morceaux d'une planète qui n'a pu se former. En effet, la présence de Jupiter à proximité aurait empêché leur accrétion, c'est-à-dire leur agglomération en un corps de masse importante. Ils témoigneraient donc de ce qu'a été le système solaire avant que les planètes ne se forment. De précieux indices pour les planétologues !

Les géantes du système

Au-delà de la ceinture d'astéroïdes, quatre planètes orbitent autour du Soleil. Toutes sont de taille relativement imposante et on les surnomme "les géantes du système solaire". Les astronomes les connaissent depuis longtemps. Pourtant, c'est seulement depuis les sondes *Pioneer* et *Voyager* – notamment *Voyager 2* lors de sa fabuleuse traversée du système solaire de 1977 à 1989 – que nous avons leurs premières images.

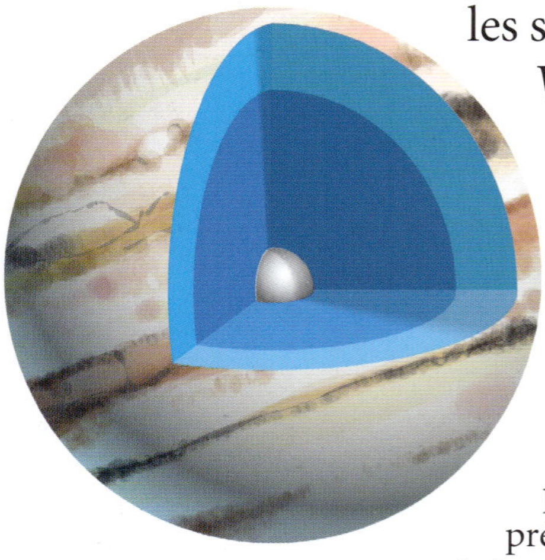

hydrogène et hélium gazeux
hydrogène liquide et hélium
noyau de roche et de glace

Gazeuses... vous avez dit gazeuses ?

Le cœur de ces planètes est formé d'un noyau de roche relativement petit, entouré d'une très épaisse atmosphère de gaz. Parce qu'elles sont massives, ces planètes ont pu, lors de leur formation, retenir les gaz présents dans la nébuleuse primitive, le nuage à l'origine de la naissance du système solaire (*voir p. 56-57*).

Jupiter, la plus imposante

La planète Jupiter est la plus grosse du système solaire : elle pourrait à elle seule contenir 1 300 planètes comme la Terre ! Les photos envoyées par les sondes *Voyager* montrent des bandes nuageuses qui dessinent, à la surface de son atmosphère, d'étranges tourbillons de matière aux couleurs variées. Une des figures les plus spectaculaires est la grande tache rouge, un gigantesque cyclone de 40 000 km de long et 13 000 km de large. Là, les nuages sont pris dans une ronde infernale et se déplacent à grande vitesse. Ce type de phénomène météorologique n'est pas rare dans les atmosphères des géantes.

Galileo s'invite chez Jupiter

Galileo (ainsi nommée en hommage à Galilée, qui observa le premier Jupiter à l'aide d'une lunette astronomique) part en octobre 1989. En juillet 1995, la sonde arrive dans le voisinage de la planète géante. Pendant les huit années que dure sa mission, elle va en effectuer 35 fois le tour. Elle observe donc Jupiter et son cortège de satellites sous toutes les coutures ! Certains sont bien particuliers, comme Io, la lune jaune au sol couvert de soufre, ou Europe dont la surface glacée pourrait bien recouvrir un océan d'eau liquide…

Quatre des principaux satellites de Jupiter.

Vue d'artiste de la sonde *Galileo*.

Galileo dispose d'un module "kamikaze" de taille modeste (environ 350 kg) qui est précipité en 1995 dans l'atmosphère de Jupiter. Malheureusement, il est détruit après 57 minutes de chute, du fait d'une température et d'une pression trop élevées. L'orbiteur, quant à lui, est volontairement détruit en 2003, pour éviter une éventuelle collision avec le satellite Europe. Car cette lune de Jupiter pourrait bien, si l'on en croit les scientifiques, abriter une quelconque forme de vie. Affaire à suivre…

Carte d'identité de Jupiter

Diamètre : 142 800 km
Distance au Soleil : 778 millions de km
Période de rotation* : 9 h et 55 min
Période de révolution* : environ 12 années terrestres
Famille d'appartenance : planète gazeuse
Signes particuliers : plus de 60 satellites, certains rocheux, d'autres glacés

La planète qui voulait être étoile !

Les planétologues ont remarqué que Jupiter ressemble, par la quantité de gaz que son noyau retient, à une étoile. À la seule différence que Jupiter ne s'est pas mise à briller et qu'elle est restée sous l'influence gravitationnelle du Soleil. Trop petite, elle serait donc une étoile ratée !

Saturne, un monde ceint d'anneaux !

Saturne est avant tout célèbre pour ses anneaux imposants. Ceux-ci sont constitués de multiples blocs de roche et de glace en révolution autour de la planète (*voir p. 154-155*). Outre ses anneaux, elle retient dans son voisinage au moins 40 satellites (le nombre n'est pas définitif, car on en découvre encore parfois). Les nuages qui constituent son atmosphère sont organisés en écharpes colorées, parallèles à l'équateur de la planète.

Au chevet de Saturne

La sonde *Cassini-Huygens* est conjointement réalisée par les agences spatiales américaine, européenne et italienne. Lancée en 1997, elle se met en orbite autour de Saturne en 2004, après un périple interplanétaire de 7 années, un voyage devenu un modèle du genre ! En effet, pour limiter le poids de la sonde, il fallait qu'elle embarque le minimum de carburant. Aussi n'a-t-elle pas cheminé en ligne droite de la Terre à Saturne, mais elle a utilisé ce qu'on appelle l'assistance gravitationnelle : la sonde s'est appuyée sur l'attraction* gravitationnelle des planètes (Vénus et la Terre, notamment) ①, et la vitesse ainsi engendrée l'a propulsée plus loin. Au terme de cet étrange périple, la sonde *Cassini* commence à étudier Saturne, son atmosphère, la composition de ses anneaux, la surface de ses satellites ②. À son bord, elle héberge un atterrisseur européen : *Huygens*. En janvier 2005, l'engin se pose à la surface du satellite de Saturne, Titan, pour une mission d'une durée de 2 h 30 ③.

Titan, le drôle de corps !

Selon les planétologues, Titan ressemble fortement à la Terre telle qu'elle était aux premiers instants de sa formation. Les données recueillies par l'atterrisseur présentent un paysage désolé et glacé, battu par des pluies de méthane (un gaz constitué de carbone et d'hygrogène), avec des rivières, des lacs, des îles.

Carte d'identité de Saturne

Diamètre : 120 600 km
Distance au Soleil : 1 427 millions de km
Période de rotation* : 10 h et 39 min
Période de révolution* : 29 années terrestres
Famille d'appartenance : planète gazeuse
Signes particuliers : plus de 40 satellites rocheux et glacés

Carte d'identité d'Uranus

Diamètre : 51 200 km
Distance au Soleil : 2 870 millions de km
Période de rotation* : 17 h et 14 min
Période de révolution* : 84 années terrestres
Famille d'appartenance : planète gazeuse
Signes particuliers : au moins 27 satellites, rocheux ou glacés, à ce jour

Uranus, la contradiction faite planète

Cap sur Uranus, une planète de couleur verdâtre, du fait de la présence de méthane dans son atmosphère. Malgré son aspect paisible, elle a sans doute vécu dans sa prime jeunesse un traumatisme de taille : elle a dû être violemment percutée par un corps céleste volumineux qui l'a fait basculer. C'est ainsi que son axe de rotation est couché sur son orbite et qu'elle tourne à plat (alors que les autres planètes tournent autour d'un axe de rotation presque perpendiculaire à leur orbite). Comme ses sœurs gazeuses, elle possède un cortège d'une trentaine de satellites.

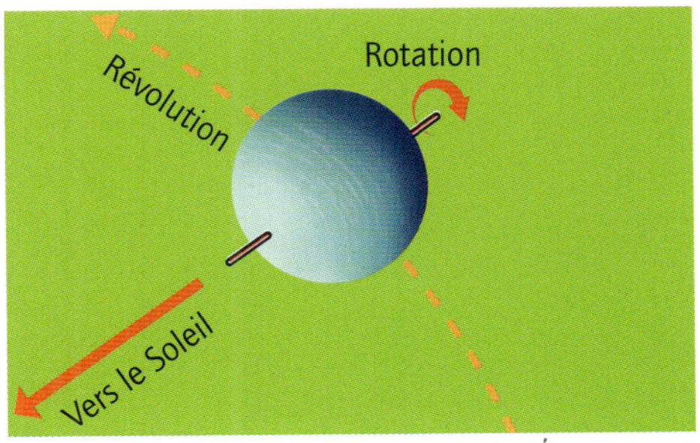

Neptune, bleue comme un océan

Observée par la sonde *Voyager 2*, Neptune apparaît toute bleue ! Mais cette couleur n'est pas le fait, comme sur la Terre, de la présence d'eau sur la géante. C'est la composition de son atmosphère, riche en hydrogène, qui lui donne cette teinte. Comme sur Jupiter ou sur Saturne, cette atmosphère est agitée de violents mouvements météorologiques (cyclones, anticyclones et ouragans). Ces petites taches blanches en déplacement rapide, ainsi que l'œil d'un bleu profond qui apparaît et disparaît périodiquement (*photo ci-contre*), en témoignent. On connaît aujourd'hui 13 satellites en orbite autour de Neptune.

Carte d'identité de Neptune

Diamètre : 49 500 km
Distance au Soleil : 4 497 millions de km
Période de rotation* : 16 h et 03 min
Période de révolution* : 165 années terrestres
Famille d'appartenance : planète gazeuse
Signes particuliers : au moins 13 satellites, rocheux ou glacés

Des lunes pour compagnes...

La Terre possède un satellite naturel : la Lune. Mars en a deux : Phobos et Deimos. Des nombres dérisoires en comparaison des véritables “ systèmes solaires ” miniatures que forment les planètes géantes et leur cortège de lunes ! Celles-là ont, en effet, une masse suffisamment importante pour que leur attraction* gravitationnelle retienne, en orbite autour d’elles, des satellites naturels.

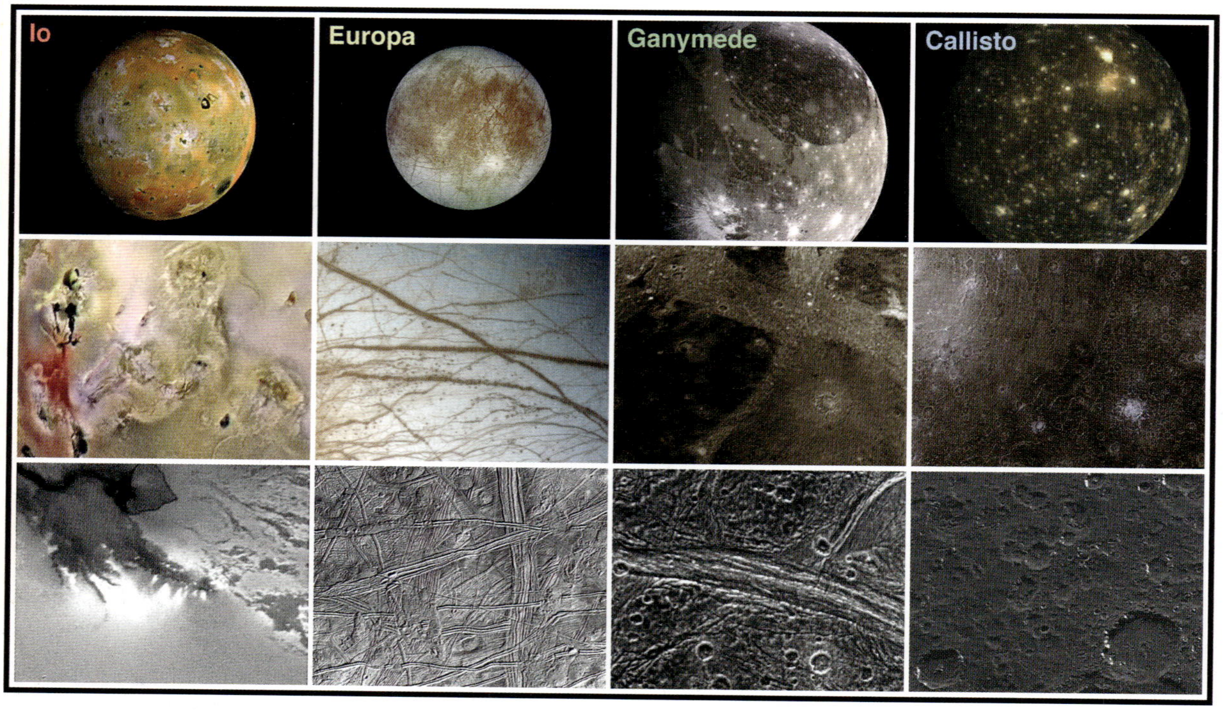

Jupiter possède 64 satellites aujourd'hui connus. 4 d'entre eux, les plus proches de la planète, ont été découverts par Galilée : on les appelle les galiléens.

- **Io**, le plus proche, connaît un volcanisme très actif, et sa surface est constamment renouvelée par les coulées de lave de soufre qui s'échappent de ses cratères.
  - diamètre : 3 642 km
  - distance à la planète : 422 000 km
  - période de révolution* autour de Jupiter : 1,769 jour
- **Europe** est un satellite de glace. L'épaisse couche qui le recouvre masquerait un océan d'eau. C'est le corps le plus lisse du système solaire.
  - diamètre : 3 130 km
  - distance à la planète : 671 000 km
  - période de révolution autour de Jupiter : 3,5 jours
- **Ganymède** est le plus gros satellite du système solaire. Les terrains d'âges très différents qui constituent sa surface font penser aux planétologues que sa formation a dû être complexe.
  - diamètre : 5 620 km
  - distance à la planète : 1 070 000 km
  - période de révolution autour de Jupiter : 7,155 jours
- **Callisto** est glacé, comme Europe. Il abriterait en sous-sol un océan d'eau salée.
  - diamètre : 4 806 km
  - distance à la planète : 1 883 000 km
  - période de révolution autour de Jupiter : 16,689 jours

Saturne possède plus de 45 satellites, et ce nombre ne cesse de croître. Le plus connu d'entre eux se nomme **Titan**. Sa surface est rocheuse, son atmosphère constituée d'azote et de méthane... C'est peut-être l'endroit du système solaire le plus propice – en dehors de la Terre, bien sûr – pour accueillir de la vie...

- diamètre : 5 150 km
- distance à la planète : 1 220 000 km
- période de révolution autour de Saturne : 15,945 jours

Planètes ou satellites ?

La différence se situe non dans la taille des unes ou des autres, mais bien dans la réponse à la question : « Qui tourne autour de qui ? » Les satellites sont en révolution autour des planètes, tandis que celles-ci tournent autour du Soleil. Donc, les planètes sont aussi... des satellites du Soleil !

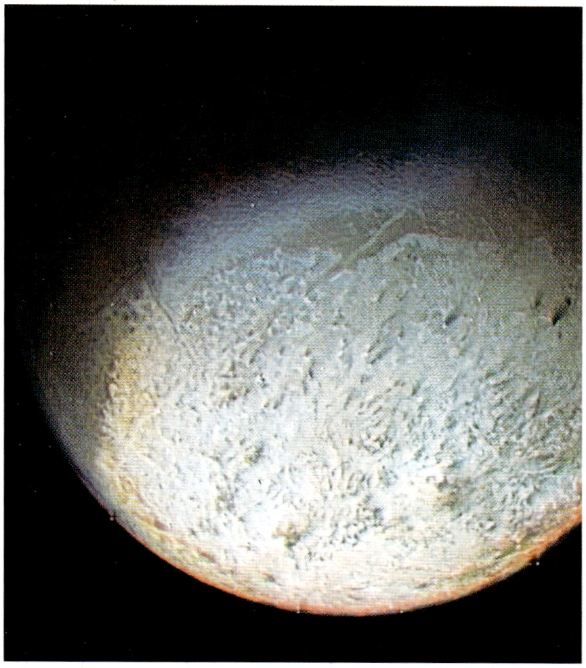

Neptune, quant à elle, retient 13 satellites connus à ce jour, dont **Triton** qui possède un volcanisme à base d'azote : des geysers s'échappent de sa surface et la modifient.

- diamètre : 2 706 km
- distance à la planète : 354 760 km
- période de révolution autour de Neptune : 5,87 jours

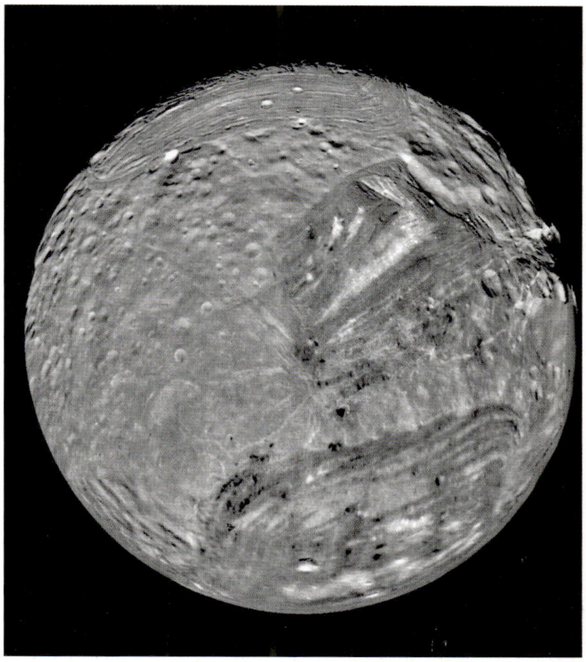

Uranus possède 27 satellites connus à ce jour. L'un d'eux, **Miranda**, présente un relief chaotique, qui témoigne de nombreuses collisions dans le passé.

- diamètre : 485 km
- distance à la planète : 130 000 km
- période de révolution autour d'Uranus : 1,413 jour

... et des anneaux pour ceinture !

Outre un important cortège de satellites, les planètes géantes possèdent toutes, en guise de ceinture, des anneaux de matière qu'elles retiennent gravitationnellement.

Il ne faut pourtant pas croire que ces anneaux sont semblables à des cerceaux... Ni Saturne ni Jupiter ne pratiquent le *hula hoop* ! Ces structures ne sont pas rigides, comme le pensait l'astronome Christiaan Huygens en 1659. Les sondes *Pioneer*, *Voyager*, *Galileo* ou *Cassini* ont photographié ces étranges bracelets et ont prouvé par l'image que toutes les planètes géantes en possèdent, même si ceux de Saturne restent les plus connus.
Elles ont aussi montré que les anneaux, peu épais, sont constitués de roche, de glace et de poussière, et qu'ils sont situés à faible distance de la planète.
Ces matériaux n'ont pas été intégrés à la planète. Lors de sa formation, ils n'ont pas pu s'agglomérer pour former un satellite supplémentaire, car ils sont trop proches de la planète : en deçà d'une certaine distance appelée limite de Roche, la force de gravitation* d'une planète est trop grande pour que des matériaux s'unissent. Et voici donc ces résidus de planètes condamnés à tourner sans relâche autour d'un corps céleste bien plus imposant qu'eux !

Anneau de Jupiter
Cet anneau très ténu serait alimenté par des poussières provenant des satellites de la planète.

Anneaux de Saturne
Ses dizaines d'anneaux très fins (leur épaisseur est inférieure à 1 km) sont enchevêtrés ; ils s'étendent jusqu'à plus de 300 000 km du cœur de la planète.

Anneaux d'Uranus
Au nombre de 11, ils sont constitués d'un matériau sombre tel que le carbone ; ils ont moins de 30 m d'épaisseur, et leur largeur varie de 1 à 10 km.

Anneaux de Neptune
Neptune est ceinte de 4 anneaux constitués de carbone. Ceux-ci sont aussi relativement ténus et étroits.

Après Neptune...

Aux confins du système solaire, au-delà de l'orbite de Neptune, Pluton et les objets transneptuniens sont en révolution* autour du Soleil. Ces corps, de tailles diverses, sont constitués de roche et de glace.

Pluton, une planète ?

Longtemps, Pluton a été considérée comme la neuvième planète du système solaire. Mais, en 2006, on lui a attribué le nom de "planète naine". On sait peu de choses à son sujet, sinon qu'elle est de petite taille, dépourvue d'atmosphère, et que sa surface est solide. Elle possède un satellite, Charon. Ce dernier est moitié plus petit que Pluton ; par conséquent, le couple Pluton-Charon est souvent considéré comme une planète double. Pluton n'a jamais reçu la visite d'une sonde ; *New Horizons* prévoit de la survoler en 2015, et de poursuivre son voyage pour explorer les objets appelés transneptuniens.

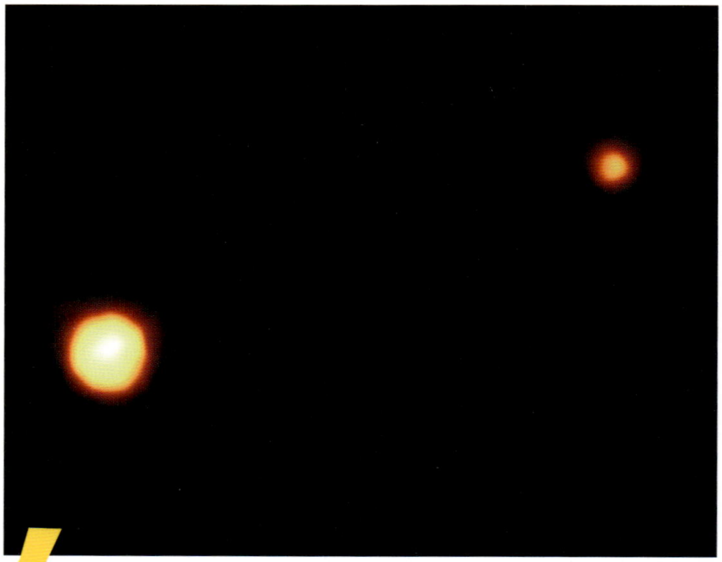

Pluton et Charon photographiés par le télescope *Hubble*.

Dessin d'artiste de la sonde *New Horizons* approchant Pluton.

L'exotisme des transneptuniens

Sedna, Quaoar, quels drôles de noms pour des corps célestes ! En tous les cas, ils sont bien différents des Mercure, Vénus, et autre Saturne qui peuplent notre système solaire (*voir p. 17*). Les astronomes ont en effet abandonné la mythologie romaine pour se tourner vers des dieux plus exotiques : Sedna est la déesse des Océans pour les Inuit, et Quaoar le dieu créateur pour une tribu amérindienne, les Tongva... Une règle cependant : il doit s'agir du nom d'une divinité de la création.

Une famille nouvellement recensée

Jusque très récemment, on disposait de peu d'informations sur les habitants peuplant les confins du système solaire... Au début du XXIe siècle, de nouveaux corps célestes de taille importante ont été découverts. En 2002, les astronomes ont fait la connaissance de Quaoar, un objet de 1 300 km de diamètre, constitué de glace et de roche. En 2003, ils repèrent Sedna, qui mesure entre 1 300 et 1 800 km de diamètre. En 2005, c'est Éris qui apparaît dans le paysage du système solaire ; elle mesure environ 2 400 km de diamètre. Ces découvertes ont remis en cause la définition du terme "planète" : à partir de quelle taille un corps céleste peut-il être considéré comme une planète ? En 2006, l'Union astronomique internationale (UAI) a tranché : Pluton, Sedna, Quaoar, Xena et Éris sont devenus des planètes naines qui "n'ont pas fait place nette sur leur orbite." Le système solaire compte désormais 8 planètes, et les corps célestes que l'on continue à découvrir au-delà de Neptune (comme Makemake et Haunea en 2008) sont considérés comme des objets transneptuniens !

Comparaison de la taille de Sedna (1), Quaoar (2), Pluton (3), la Lune (4), et la Terre (5).

New Horizons arrivant près de la ceinture de Kuiper (dessin d'artiste).

Une autre ceinture...

Outre la ceinture d'astéroïdes (*voir p. 146-147*), il en existe une autre aux limites du système solaire. La ceinture de Kuiper, située à environ 500 unités astronomiques du Soleil, serait elle aussi constituée d'astéroïdes, vestiges de la formation du système solaire, qui n'ont pas pu s'agglomérer les uns aux autres pour former de nouvelles planètes. Les objets transneptuniens proviendraient de cette région. Mais la ceinture de Kuiper n'est pas la voiture-balai du système solaire : plus loin encore, se situe le nuage de Oort, un autre réservoir de blocs rocheux (*voir p. 158*).

Les comètes et le nuage de Oort

Ce pourrait être le début d'une fable de La Fontaine : « Les comètes, ayant tourné tout l'été, se trouvèrent fort dépourvues quand l'hiver fut venu… Habitant une région aux confins du système solaire, le nuage de Oort, elles se précipitèrent alors vers le Soleil… »

Au-delà de la ceinture de Kuiper (1), formant une sorte de coquille autour du système solaire, le nuage de Oort (2) se situe à une distance comprise entre 40 000 et 100 000 unités astronomiques. Il est constitué de milliards de noyaux de comètes. Aucune sonde, bien sûr, n'a encore pu se rendre aussi loin. Toutefois, des noyaux cométaires nous rendent parfois visite. Éjectés de ce nuage, ils tombent vers le Soleil et se mettent à tourner autour de lui, sur des trajectoires très allongées. À mesure qu'ils s'approchent du Soleil, la température augmente, et leurs constituants se subliment – c'est-à-dire que leur matière se transforme en gaz –, formant une longue queue de poussière et une chevelure entourant le reste du noyau.

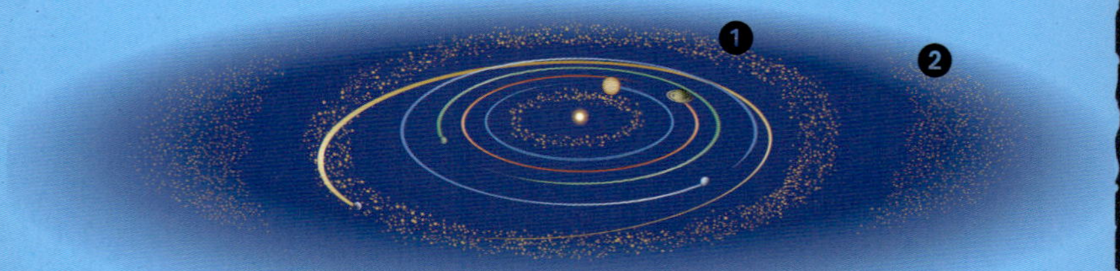

Plusieurs sondes ont été envoyées pour rendre visite à ces voyageuses interplanétaires. En 1986, la sonde *Giotto* a photographié le noyau de la comète de Halley, révélant son aspect "boule de neige sale". En 2004, l'impacteur *(Smart)* de *Deep Impact* a percuté le noyau de la comète Tempel, provoquant l'éjection de matériaux qu'elle a ainsi pu analyser, tandis que *Rosetta* lancée en 2004 a rendez-vous avec la comète Shoumirov-Guerasimenko en août 2014.

Noyau de la comète de Halley photographié par *Giotto*.

Vues d'artiste de la mission de *Deep Impact*.

Un système solaire gigantesque !

Il y a encore quelques années, on croyait que le système solaire n'était constitué que de 9 planètes. Son rayon mesurait alors 6 milliards de km. Depuis, il s'est considérablement agrandi : il perd une planète, Pluton, mais gagne une famille de corps célestes (les transneptuniens), une ceinture (celle de Kuiper) et un nuage (celui de Oort). Ses frontières ont donc reculé jusqu'à environ 150 milliards de km !

Si l'on compare...

Jouons ensemble au jeu des différences avec les planètes et leurs satellites, comme le font quotidiennement certains scientifiques. Cet exercice – la planétologie comparée – leur apprend énormément de choses sur les corps du système solaire et leur évolution.

Toutes rondes !

Si l'on regarde planètes et satellites dans leur ensemble, un de leurs points communs saute aux yeux : tous sont de forme sphérique. En effet, la sphère est la forme qui demande le moins d'énergie pour se maintenir. Seuls les noyaux cométaires et les astéroïdes ont des formes différentes, ce qui montre qu'ils sont à un stade d'évolution moins avancé.

Atmosphère de la Terre.

Atmosphère de Jupiter.

Atmosphère de Mars.

Les atmosphères

Les planètes rocheuses n'ont pas toutes une atmosphère. Mercure et Mars en possèdent une très fine, car toutes deux sont trop petites pour retenir une atmosphère importante. Vénus et la Terre, de même taille, possèdent chacune une atmosphère. Les planètes géantes en ont toutes une très épaisse, constituée de bandes nuageuses. Les variations de couleurs de celles-ci sont dues à des compositions chimiques différentes. De violents phénomènes météorologiques s'y produisent, comme en témoignent les cyclones et les ouragans visibles sur les photos que nous ont expédiées les sondes. Ils nous rappellent ceux que nous montrent les satellites d'observation météorologiques en orbite autour de notre planète.

En creux et en bosses

Les planètes telluriques et les satellites disposent d'une croûte solide. Certains sont très lisses, comme Europe, dont la surface glacée n'a pas d'aspérités. D'autres présentent une surface très irrégulière, comme Miranda, l'un des satellites d'Uranus. Sur chacun, on retrouve des traits de relief assez semblables :

- Des montagnes : sur la Terre, la plus haute culmine à plus de 8 800 m, tandis que sur Mars, de taille plus petite, le plus haut sommet atteint 27 000 m, car l'attraction* gravitationnelle est moindre.
- Des volcans : les planètes et leurs satellites ont connu, ou connaissent, des épisodes de volcanisme actif.
- Des cratères : ils ont été provoqués par la chute de météorites. Les planétologues réussissent ainsi à donner un âge aux sols des planètes et des satellites en les dénombrant : plus le nombre de cratères est élevé, plus le sol est âgé !
- Des canyons : ils ont été façonnés par des plissements de terrain ou par le ruissellement d'eau.

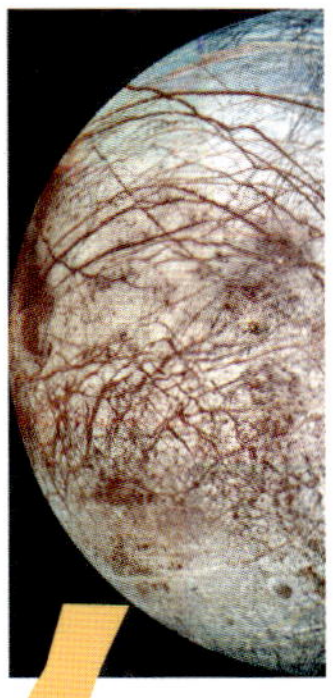
Europe

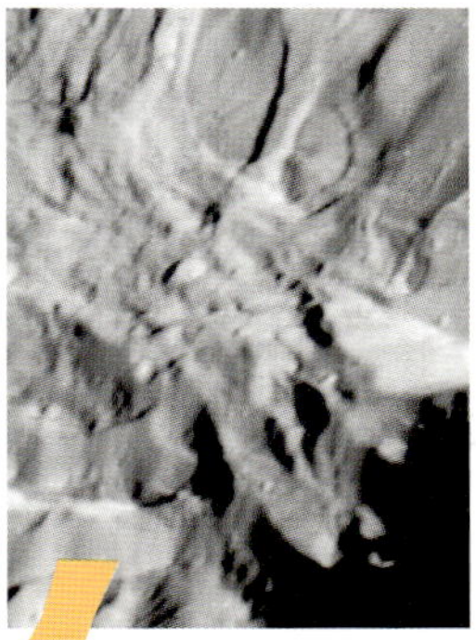
Miranda

Le mont Everest, le plus haut sommet de la Terre.

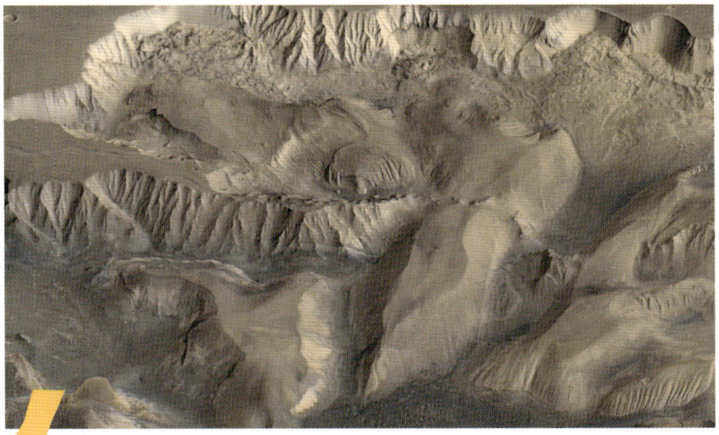
Canyons sur Mars.

Volcanisme sur Mars.

Des anneaux et des satellites

Les géantes possèdent un système d'anneaux et un cortège de satellites (*voir p. 152-155*). Ces corps célestes sont retenus à proximité par l'attraction gravitationnelle de ces planètes. Bien que plus petites, la Terre et Mars comptent également des satellites naturels.

Volcanisme sur Io.

Comment est né notre système

Voici, en sept étapes, la fabuleuse aventure de la naissance de notre système solaire, il y a 4,6 milliards d'années…

① Il y a de cela plusieurs dizaines de milliers d'années, un nuage interstellaire fait de gaz et de poussières (on l'appelle nébuleuse protosolaire) s'effondre.

② Cet effondrement entraîne une augmentation de la température telle, que la chaleur de la boule de gaz ainsi formée augmente énormément. Puis, des réactions très compliquées (appelées réactions thermonucléaires, *voir p. 52*) s'y déclenchent. Le Soleil vient de naître, enveloppé dans un disque de poussières en rotation.

③ À proximité du Soleil règne une température colossale. Du fait de la chaleur, les poussières et les blocs de roche se collent (on dit qu'ils s'accrètent), tandis que le gaz s'échappe. Les grains ainsi formés tombent tous dans le plan équatorial de l'étoile, et continuent à tourner autour de celle-ci en un disque plat. Ce disque se fragmente en grumeaux : les planétésimaux. Ceux-ci sont semblables aux astéroïdes qui peuplent la ceinture présente entre les orbites de Mars et de Jupiter.

④ Comme lorsque l'on fabrique une boule de neige de plus en plus grosse, les planétésimaux se collent les uns aux autres du fait de la gravitation* *(voir p. 64-65)*. En 100 000 ans environ, des protoplanètes se forment : ce ne sont pas encore des planètes, mais presque.

⑤ Toutes ces protoplanètes entrent en collision et donnent naissance aux planètes rocheuses, en moins de 100 millions d'années : Mercure, Vénus, la Terre et Mars. Plus loin du Soleil, les poussières du disque se collent aussi à la façon d'une boule de neige qui grossit. Un cœur solide se constitue alors, en 5 000 ans environ.

Casting dans le système solaire

La Terre est âgée d'environ 4,6 milliards d'années, tandis que la plus ancienne trace de vie que l'on y a trouvée date de 3,8 milliards d'années. Entre ces deux dates, des molécules primitives – carbone, oxygène, azote – se sont mélangées dans l'eau. Sous l'effet de la chaleur, due à la foudre et au rayonnement solaire, elles se sont agglomérées pour former les briques de la vie : les acides aminés.
Ceux-ci, en se combinant, vont donner naissance aux cellules, aux végétaux et aux animaux, dont les êtres humains.
Mais dans notre système solaire, peu de candidates semblent en mesure d'accueillir une quelconque forme de vie. Mercure et Vénus, trop proches du Soleil, sont trop chaudes. Mars est froide et a une atmosphère trop fine.
Quant aux planètes géantes, elles ne disposent pas de sol sur lequel des êtres vivants pourraient se développer.
Plus loin, il fait trop froid et les conditions ne sont pas favorables !
Seuls deux satellites se présentent comme des régions habitables : Europe, l'un des satellites de Jupiter, cache sous sa croûte glacée un océan ; Titan, l'une des lunes de Saturne, pourrait héberger de la matière organique...

⑥ Les gaz présents dans cette région du disque sont attirés par le cœur solide, et s'y accrètent en une enveloppe de gaz qui forme l'atmosphère. Une protoplanète géante est née, qui donnera ensuite naissance, en 8 millions d'années, à une géante gazeuse comme celles que nous connaissons : Jupiter, Saturne, Uranus et Neptune.

⑦ Comme ces planètes sont énormes, elles attirent de nombreux blocs de roche et des poussières qui forment leurs anneaux. Les blocs de roche suffisamment gros pour ne pas être attirés et capturés dans les anneaux sont rejetés et forment les objets transneptuniens (comme Pluton), les réservoirs de comètes (c'est-à-dire la ceinture de Kuiper et le nuage de Oort) et la ceinture d'astéroïdes.

Autres planètes... autres vies ?

Le système solaire n'est pas unique en son genre ! Autour d'étoiles lointaines tournent des exoplanètes. Mais y en a-t-il où la vie serait possible ?

Récit d'une enquête

En 1995, des astronomes observent une étoile située dans la constellation de Pégase et notent que sa luminosité varie de temps en temps, comme si quelque chose passait devant elle. Cette éclipse serait le fait d'un disque de matière ou d'une planète... Au début de l'année 2009, plus de 340 exoplanètes - des planètes situées hors du système solaire, en orbite autour d'une étoile autre que le Soleil - ont été découvertes, dans une centaine de systèmes stellaires différents. Et chaque année apporte sa nouvelle moisson.

L'univers sous surveillance

Les astronomes recherchent avant tout des planètes de la taille de notre Terre et abritant, pourquoi pas, la vie. Cette quête d'une vie extraterrestre s'effectue dans toutes les directions : les exobiologistes se penchent sur leurs éprouvettes et tentent de comprendre comment les molécules organiques peuvent être synthétisées dans des conditions différentes que celles régnant sur la Terre ; les ingénieurs équipent les sondes de messages à destination de nos plus proches voisins, comme ce fut le cas pour *Voyager* et *Pioneer*. Enfin, les radioastronomes - spécialistes des ondes radio - tendent leurs antennes vers le ciel lointain, à l'affût de la moindre information...

Une première suspecte

OGLE-2005-BLG-390Lb : son nom lui-même est un code secret ! Située dans la constellation du Sagittaire, à 22 000 années-lumière de nous, c'est la plus petite tellurique repérée à ce jour : d'une masse de 5,5 fois celle de la Terre seulement, elle apparaît solide, sa surface serait constituée de roche et de glace. Elle effectue une révolution* autour de son étoile en 10 ans. Hélas, impossible d'y trouver la vie ! Très éloignée de son étoile (la distance qui les sépare est de 3 fois celle de la Terre au Soleil), il y fait très froid, - 220 °C.

Le système solaire vu de l'espace

Imagine un extraterrestre curieux, à la recherche de traces de vie dans l'univers. Depuis le sol de sa planète, il repère un nuage un peu flou, entourant une étoile, notre Soleil... Avec les moyens dont il dispose, il ne détecte dans ce système solaire que deux grosses planètes géantes (Jupiter et Saturne) et ignore tout des plus petites. Cette situation est la nôtre actuellement, puisque nous n'avons pas les moyens de voir des corps de petite taille. Voilà pourquoi nous ne distinguons que des exoplanètes géantes !

Plus seuls ?

Les conditions à remplir pour accueillir la vie sont nombreuses : la planète ne doit être ni trop grosse (pour que la gravité n'écrase pas tout) ni trop petite (pour que les molécules et une atmosphère soient retenues), à bonne distance de son étoile (trop proche, il y ferait trop chaud ; trop loin, trop froid), et elle doit aussi disposer d'une croûte solide. Si ces conditions sont remplies, des êtres vivants peuvent se développer. Et si de la vie existe sur une seule exoplanète, il est à parier qu'elle est présente dans de nombreux endroits...

L'enquête continue

La recherche de planètes comme la Terre pouvant accueillir des formes de vie se poursuit donc... L'Agence spatiale américaine a prévu d'expédier, en mars 2009, une sonde nommée *Kepler*, dont la mission consistera à trouver des planètes de 30 à 600 fois plus petites que Jupiter. Pendant les quatre ans que durera cette quête, environ 2 000 planètes devraient être découvertes, mais 50 d'entre elles seulement devraient avoir la taille de la Terre... Et la vie dans tout ça ?

Où finit le ciel ?

Au-delà de la Lune, du système solaire, des étoiles, qu'y a-t-il ? En se dotant d'instruments d'observation de plus en plus perfectionnés, les astronomes ont dévoilé la nature de la Voie lactée, ils ont nommé les galaxies et repéré d'étranges corps célestes tels que les trous noirs. Pièce par pièce, ils ont reconstitué le gigantesque visage de notre univers, à l'intérieur duquel nous sommes si petits...

Voyage dans notre galaxie

Observe de nouveau les cartes du ciel *(p. 34-35)*. Tu peux repérer une grande bande blanche facilement visible, en toutes saisons, lorsque le ciel est bien dégagé : on l'appelle la Voie lactée ; c'est notre galaxie.

Des croyances aux premières observations scientifiques

Longtemps, les peuples et écrivains de l'Antiquité se sont interrogés sur la véritable nature de cette traînée lumineuse. En Afrique du Sud, on pensait que c'était la colonne vertébrale de la nuit, sans laquelle cette dernière nous serait tombée sur la tête. Les anciens Grecs y voyaient une goutte de lait éjectée par le fougueux Héraclès du sein de la déesse Héra, lors d'une tétée un peu trop goulue *(voir tableau ci-dessous, peint par Rubens en 1636)*. Le mot galaxie a d'ailleurs pour racine grecque *gala*, qui signifie lait.
En 1609, Galilée pointa sa lunette astronomique dans cette direction, et constata que cette bande blanchâtre était en fait composée d'une multitude d'étoiles.

Portrait en 3 D

Au fil des découvertes et des progrès techniques, on s'est aperçu que la Voie lactée était une tranche de notre galaxie, dont une partie est cachée par des nuages de poussière opaques. Notre galaxie est formée de 200 milliards d'étoiles environ, dont nous ne pouvons distinguer qu'une infime partie. Les étoiles que nous voyons dans le ciel, tout comme le Soleil, appartiennent à cette galaxie. En observant attentivement leur distribution, on a aussi appris que cette dernière a la forme d'une spirale. C'est un disque de faible épaisseur avec un renflement en son centre : le bulbe ; des bras très brillants constitués d'une multitude d'étoiles s'enroulent autour de ce bulbe. Cet ensemble est comme enrobé d'une immense bulle – le halo –, elle aussi constituée d'étoiles. La galaxie tout entière tourne sur elle-même, à la façon d'un disque en rotation* autour de son centre. Le Soleil, par exemple, effectue un tour complet en 250 millions d'années.

Voie lactée vue de dessus

Voie lactée vue de profil

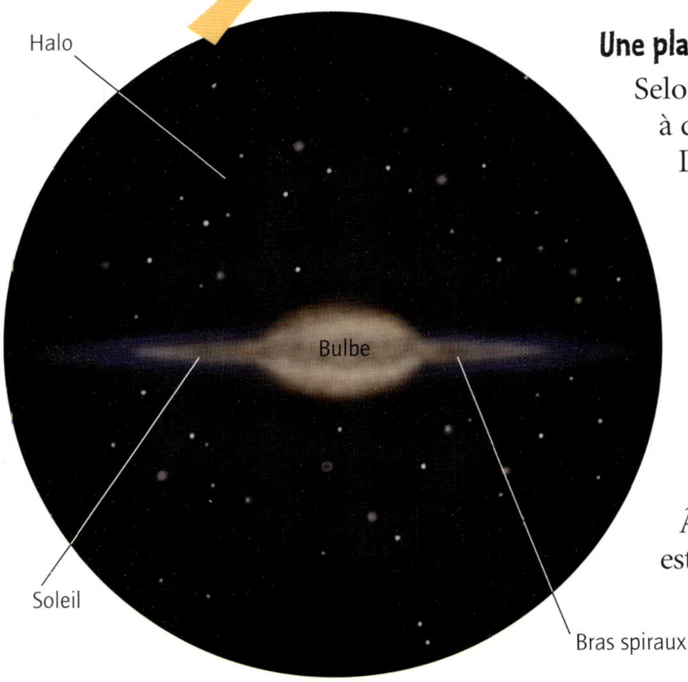

Une place pour chaque famille

Selon leur âge, les étoiles se répartissent à différents endroits de la galaxie. Dans les bras, les étoiles sont bleues, donc relativement jeunes ; au contraire, le halo sphérique contient des étoiles extrêmement vieilles, âgées de 10 à 15 milliards d'années ! Et notre système solaire ? N'imagine pas qu'il soit au centre de la Voie lactée ; il faut en effet le chercher à environ 26 000 années-lumière du cœur de la galaxie, sur l'extérieur d'un des bras. Âgé de 4,5 milliards d'années, le Soleil est une étoile jeune et très brillante *(voir p. 61)*.

Des rayons et des images

Lorsque nous regardons le monde qui nous entoure, nous n'en voyons en fait qu'une petite partie. Les rayons visibles formant la lumière sont en effet accompagnés de nombreux autres rayons, grâce auxquels les astronomes parviennent à mieux comprendre la constitution de l'univers.

Révélations

Imagine un opticien un peu particulier, qui déciderait de tester sur toi les prototypes de paires de lunettes de son invention… à charge pour toi de dessiner ce que tu vois avec chacune d'entre elles.

En observant le salon sans lunettes, à l'œil nu, tu peux voir ton père, ta mère, le chat qui dort sur le fauteuil, la cheminée dans laquelle un feu brûle ; au-dessus de la cheminée, la lampe est allumée.

Avec la paire de lunettes n° 1, tu ne distingues dans le salon que les corps chauds : ton père, ta mère, ton chat, la lampe qui brille, le feu dans la cheminée. Ces lunettes permettent uniquement de voir le rayonnement infrarouge.

Avec la paire de lunettes n° 2, le salon est plongé dans l'obscurité. En effet, ces lunettes ne révèlent que les rayons ultraviolets, et aucun des objets présents dans la pièce ne rayonne dans cette lumière !

Avec la paire de lunettes n° 3, tu ne distingues que les squelettes du chat, de ta mère et de ton père ; les briques de la cheminée et les fauteuils forment des masses sombres, opaques. Ces lunettes ne laissent passer que les rayons X, qui sont arrêtés par les parties les plus denses du corps (les os).

Lumières et couleurs

La lumière "blanche", visible, est composée d'un ensemble de couleurs appelées radiations*, qui vont du violet au rouge. Mais le rayonnement des astres se prolonge bien au-delà, vers l'ultraviolet (les UV solaires peuvent provoquer des coups de soleil !) et vers l'infrarouge (qui procure une sensation de chaleur). Les corps célestes émettent aussi des ondes radio, des rayons X et des rayons gamma.

Satellite *XMM*.

Un monde multiple

Cette expérience montre que la lumière n'est pas seulement constituée de rayons qui nous sont visibles. Il en existe d'autres, dont les propriétés révèlent divers aspects de notre environnement. L'ensemble de ces rayonnements de la lumière forme ce que l'on appelle le spectre électromagnétique.

Télescope *ISO*.

Et l'astronomie dans tout ça ?

Ces rayonnements constituent les seules informations envoyées par les étoiles et autres objets célestes. Pour les mesurer, les astronomes n'utilisent pas de simples lunettes, mais des télescopes particuliers. Ainsi, dans le domaine du rayonnement radio, des radiotélescopes permettent d'écouter l'univers. Dans le domaine des rayons infrarouges, un télescope nommé *ISO* a été envoyé dans l'espace pour étudier des étoiles en train de naître. Pour ce qui est des rayons ultraviolets, des observatoires spatiaux, tels que *FUSE* lancé en 1999, aident à détecter l'activité d'étoiles jeunes et massives. Les rayons X sont étudiés de l'espace par les satellites *XMM* et *Chandra*. Ils sont émis notamment par les étoiles au moment de leur mort. Le satellite *Compton-GRO* permet d'observer les rayons gamma, associés aux événements les plus violents de l'univers.

Le "spectre" de la Voie lactée

En observant le ciel dans les différents rayonnements précédemment décrits, on peut dresser un portrait plus précis de notre galaxie et découvrir ses principales caractéristiques.

La Voie lactée peut être étudiée selon les divers types de rayonnements qui constituent le spectre électromagnétique *(voir p. 170-171)*. L'analyse du ciel et de la lumière nous laisse deviner que notre galaxie est faite d'étoiles plus ou moins jeunes, de gaz interstellaire, de poussières. Il s'y produit des phénomènes très violents tels que les explosions de supernovae ou le dégagement de grandes quantités d'énergie.

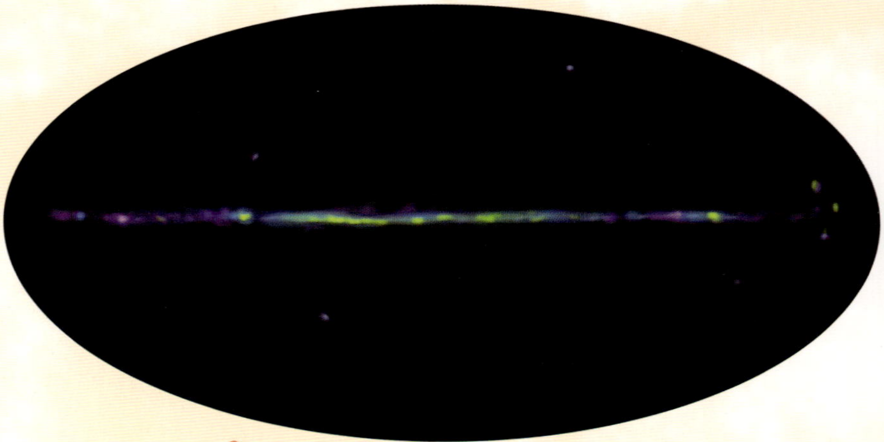

Rayons gamma
Les points visibles sur les images réalisées dans le rayonnement gamma sont les lieux où se produisent, dans notre galaxie, de gigantesques dégagements d'énergie dont on ne connaît pas encore l'origine.

Rayons X
Dans le domaine des rayons X, notre galaxie nous apparaît comme une fine bande sombre ; elle est cachée par les nuages de poussière situés devant elle, qui absorbent son rayonnement. Les bulles que l'on observe sont des explosions de grosses étoiles, les supernovae.

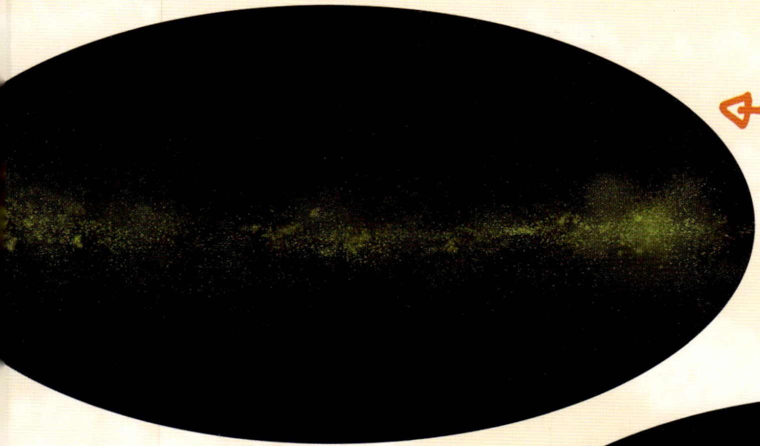

Rayons ultraviolets
Dans le ciel ultraviolet, on observe à l'intérieur du bulbe de la galaxie des étoiles chaudes, ainsi qu'une région très active où se concentrent les lieux de formation de ces astres.

Lumière visible
Dans le domaine du visible, la galaxie dévoile des myriades d'étoiles. Toute la lumière que nous apercevons ici provient de ces astres ; elle est produite par les réactions thermonucléaires (fusion de l'hydrogène à l'intérieur des étoiles, *voir p. 56-61*).

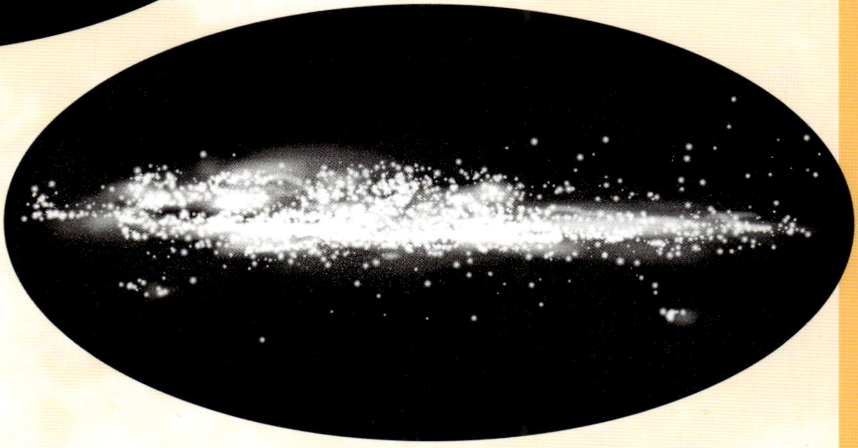

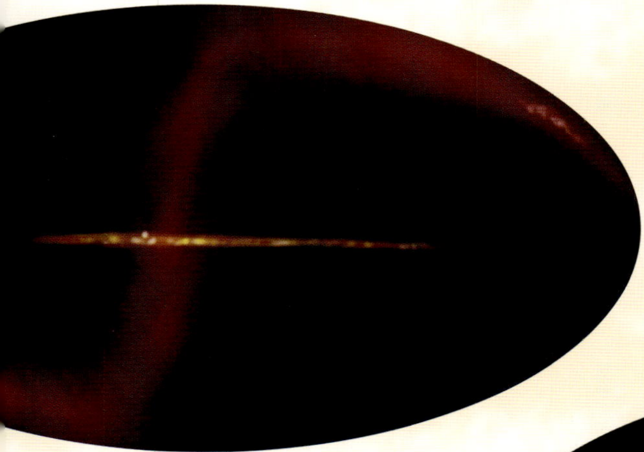

Rayons infrarouges
C'est essentiellement la structure du centre de la galaxie que l'on repère dans l'infrarouge. Le rayonnement dévoile la présence de nuages de poussière, ainsi qu'un grand éclat lumineux. Il s'agit de la lumière zodiacale, qui provient de la chaleur émise par les poussières du système solaire.

Rayons radio
Cette image du ciel vu dans le domaine des ondes radio montre que l'espace entre les étoiles n'est ni vide ni sombre, mais rempli de gaz, que l'on appelle gaz interstellaire.

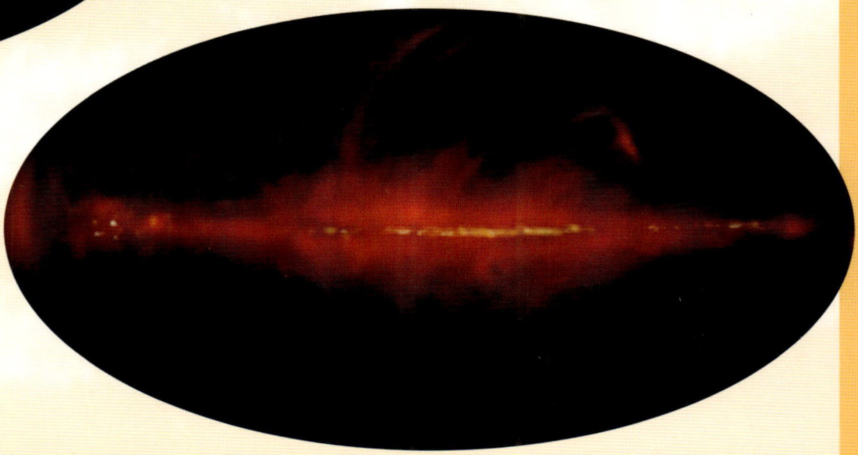

Des galaxies de toutes sortes

À l'œil nu, tu peux repérer dans le ciel des petits flocons lumineux. Nébuleuses ou galaxies ? Difficile à dire ! C'est en pointant un télescope assez puissant vers le ciel que tu identifieras à coup sûr d'autres galaxies que la nôtre.

Les galaxies sont des groupements de milliards d'étoiles. Il existe dans le ciel un nombre infini de galaxies. En les observant précisément, on s'aperçoit qu'elles n'ont pas toutes la même forme. C'est un astronome, Edwin Hubble, qui les a classées, en 1925, en quatre familles principales.

①

Les galaxies spirales
La galaxie d'Andromède ①, l'une de nos plus proches voisines, la Voie lactée ou encore la galaxie Whirlpool ②, dite aussi galaxie du Tourbillon, sont des galaxies spirales : elles possèdent de chaque côté de leur noyau des bras courbés en forme de spirale. Cette famille est la plus représentée dans l'univers. On dit que ce sont des galaxies actives, car beaucoup d'étoiles y naissent (étoiles bleues présentes dans les bras spiraux). Leur bulbe rougeâtre contient plutôt de vieilles étoiles.

②

L'évolution des galaxies

Il semblerait que la plupart des galaxies naissent spirales. Puis, par "cannibalisme", c'est-à-dire en s'engloutissant les unes les autres, elles deviennent elliptiques. La taille des galaxies croît à mesure qu'elles fusionnent les unes avec les autres. Notre galaxie et celle d'Andromède pourraient se percuter dans quelques milliards d'années ; de nouvelles étoiles s'allumeront et l'une des galaxies avalera probablement l'autre.

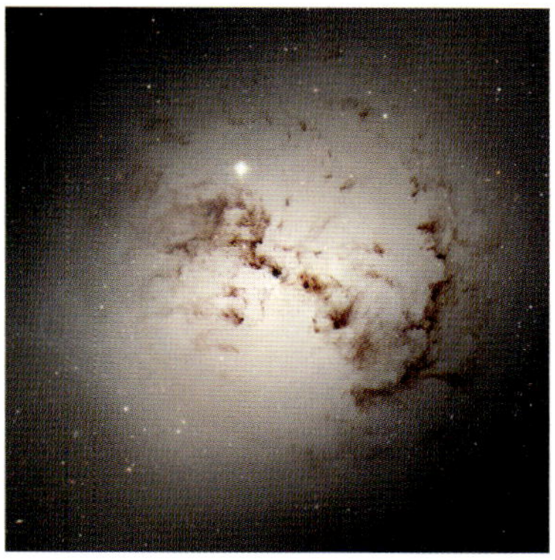

Les galaxies lenticulaires

Elles sont très semblables aux galaxies spirales, à ceci près qu'elles ne possèdent pas de bras. Toujours observée de profil, la galaxie du Sombrero, ainsi nommée en raison de sa ressemblance avec le fameux chapeau mexicain, est une galaxie lenticulaire. On peut la repérer à l'aide d'un télescope dans la constellation de la Vierge. Elle a le même diamètre que la Voie lactée.

Les galaxies elliptiques

Leur forme ovale et un peu aplatie fait penser à un ballon de rugby. Elles sont constituées essentiellement d'étoiles vieillissantes. On n'observe à l'intérieur ni étoiles jeunes ni gaz, ce dernier ayant sans doute été transformé en étoiles, il y a environ 10 milliards d'années. Une galaxie sur six ou sept est elliptique *(sur la photo, galaxie NGC 1316)*.

Les galaxies irrégulières

Elles n'ont pas de forme précise. Très peu nombreuses dans l'univers (moins de 5 %), elles contiennent essentiellement du gaz et des étoiles jeunes. C'est le cas du Grand Nuage et du Petit Nuage de Magellan *(photo)*, deux galaxies satellites de la nôtre.

Mauvaises rencontres

Du fait de la gravitation* – toujours elle ! – les galaxies les plus proches peuvent entrer en collision, entraînant des modifications de forme des unes et des autres. Les ondes de choc engendrent notamment de nouvelles étoiles ; ce sont ces étoiles bleues que l'on observe sur cette photo de la galaxie des Antennes.

L'architecture de l'univers

Et si l'univers fonctionnait comme un jeu de poupées gigognes ? La plus petite des poupées serait la Terre, et la plus grande l'univers tout entier. Chaque poupée intermédiaire serait l'un de ses composants. Vertige assuré !

Terre

Système solaire

1- La Terre, notre planète, fait partie du **système solaire**, un ensemble de planètes en révolution* autour du Soleil.

5- Il existe bien d'autres amas et superamas ; les uns s'assemblent aux autres et forment des **murs de galaxies**, les plus grandes structures de l'univers connues à ce jour. Et au-delà ? Existe-t-il d'autres univers, semblables à ces mondes parallèles que nous décrivent les écrivains de science-fiction ? Pour l'instant, ils sont encore du domaine de l'imagination...

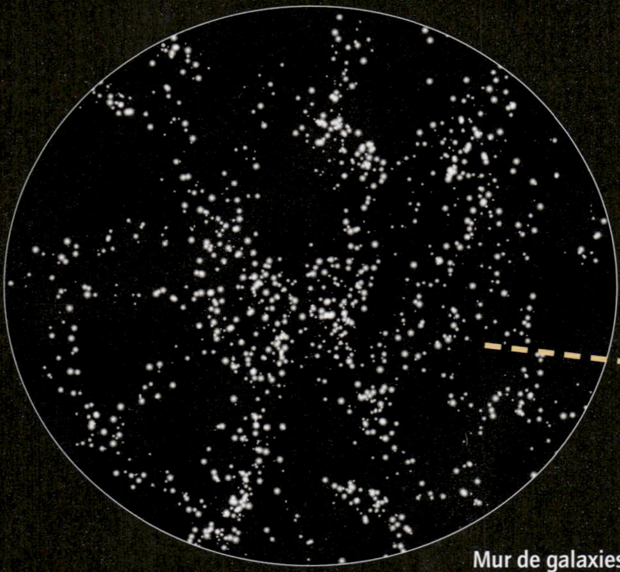

Mur de galaxies

Soyons précis !

Envoie ton adresse à ton copain intergalactique (à supposer qu'il comprenne ta langue !). Cela pourrait donner ça :

Junior
15-27, rue Moussorgski,
75018 Paris, France
Planète Terre, 3e, Système solaire
Voie lactée
Groupe local
Superamas local
Mur de galaxies
Univers

Voie lactée

2- Le Soleil est une étoile noyée dans une quantité d'autres étoiles ; ensemble, elles forment notre galaxie, la **Voie lactée** (*voir p. 168-169*). Le Soleil se situe aux deux tiers du rayon de notre galaxie, sur l'extérieur d'un des bras.

Groupe local

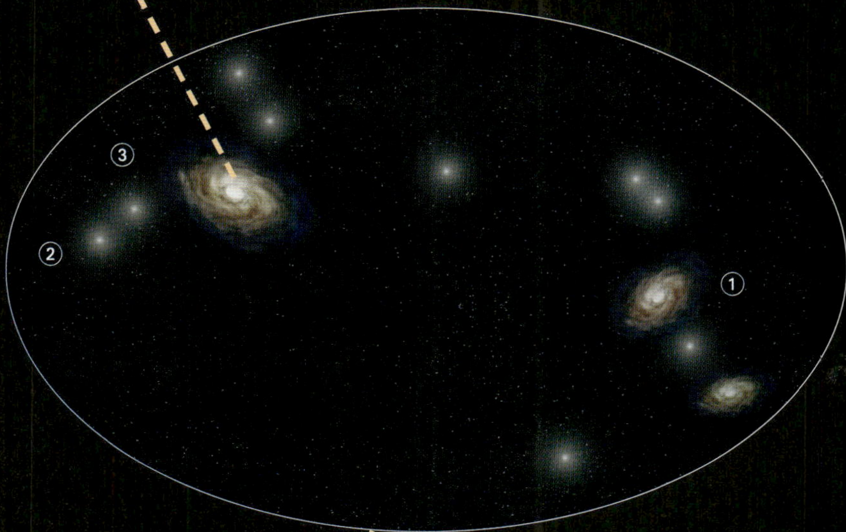

3- La Voie lactée est une galaxie assez banale ; ses proches voisines sont la galaxie d'Andromède ①, le Petit Nuage ② et le Grand Nuage de Magellan ③. Toutes les quatre, associées à une trentaine d'autres de taille plus modeste, forment un amas de galaxies appelé **groupe local**.

Superamas local

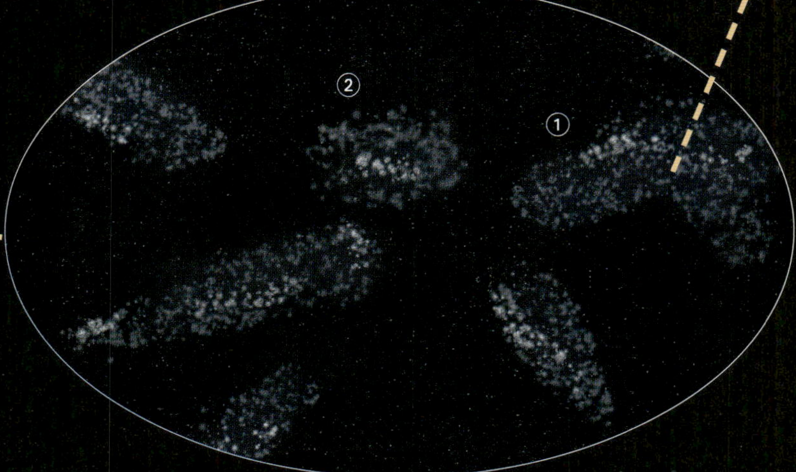

4- En observant l'univers plus lointain, on peut compter des milliards d'autres galaxies. Elles sont elles aussi rassemblées en amas ; les plus proches du groupe local (amas des Chiens de Chasse ①, amas de la Vierge ②...) forment avec celui-ci le **superamas local**, aussi appelé superamas de la Vierge, qui s'étend sur plus de 200 millions d'années-lumière.

L'essentiel est invisible pour les yeux

Une nouvelle énigme captive les scientifiques : il pourrait exister dans l'univers une matière impossible à observer, quel que soit l'instrument utilisé. De quoi s'arracher les cheveux !

L'univers sur la balance

Sur un plateau d'une balance, imagine que l'on place l'univers dans son ensemble. Sur l'autre plateau, on entasse pêle-mêle les différents constituants décrits dans les pages précédentes : les galaxies, formées d'étoiles, et la matière intergalactique connue. Logiquement, on devrait obtenir l'équilibre, puisque la masse d'un corps est égale à la somme des masses de toutes les parties de ce corps. Or, selon les calculs, il n'en est rien : l'univers est plus lourd… et pas qu'un peu ! Il contiendrait de grandes quantités de matière invisible et même impossible à observer. Quels en sont donc les constituants ?

Premiers suspects : les trous noirs

Au cœur des galaxies spirales, il pourrait exister de gigantesques trous noirs. Ce ne sont pas, dans ce cas, des cadavres d'étoiles *(voir p. 62-63)* ; ce seraient plutôt des puits creusés par la gravitation*, dans lesquels de nombreuses étoiles seraient tombées. Ces trous noirs maintiennent la forme en spirale des galaxies ; ils créent des ondes de densité* qui sont à l'origine du mouvement de l'ensemble des étoiles. Rien ne peut s'échapper d'un trou noir, pas même les photons* de lumière. C'est pourquoi il est invisible ! Il est possible, en revanche, d'observer les effets d'un tel objet sur ce qui l'entoure.

Cette vue d'artiste montre un disque de matière attiré par un trou noir.

Deuxièmes suspects : les naines brunes

Comme les trous noirs, certains corps célestes ne produisent pas de lumière : c'est le cas par exemple des naines brunes, des sortes d'étoiles ratées. Elles ne se sont pas allumées, car leur masse est trop faible pour déclencher une réaction nucléaire. Toutefois, elles ne sont ni suffisamment nombreuses, ni suffisamment massives pour expliquer la différence constatée lors de la pesée de l'univers.

Vue d'artiste d'un couple de naines brunes.

La galaxie spirale NGC 1566, semblable à notre Voie lactée, abriterait peut-être en son centre un trou noir invisible pour les yeux (image prise par le téléscope spatial *Spitzer* de la NASA).

Troisième suspect : la matière noire

Il existerait aussi de la matière noire, que nous ne pouvons pas voir, car elle serait constituée d'atomes inconnus. Deux questions majeures se posent aux astronomes : quelle est la nature de ces atomes, et quelle est la quantité de cette matière noire ? Jamais personne ne l'a observée ; seuls ses effets sur les corps visibles qui l'entourent ont été repérés.

On est bien peu de choses...

Selon les expériences de pesée des scientifiques et les résultats de leurs calculs, il semble que 95 % environ de l'univers soient constitués de matière invisible ! Un chiffre qui donne le vertige !

Le big bang

Remontons le temps… jusqu'au moment de la naissance de l'univers. Il faut faire un gros effort d'imagination pour comprendre cette cuisine céleste !

Regarder en arrière

Considérons deux astres ; l'un est éloigné de 2 millions d'années-lumière, l'autre de 10 millions. Plus l'astre est éloigné, plus sa lumière met de temps à nous parvenir. On observe alors une image de cet astre tel qu'il était il y a 2 millions d'années pour le premier, 10 millions d'années pour le second. Donc plus on regarde loin dans l'espace, plus on remonte dans le temps ! Et plus on se rapproche des origines de l'univers…

La soupe originelle

Nul ne sait ce qu'il y avait avant cet événement nommé le big bang, qui a donné naissance à l'univers, il y a de 13 à 15 milliards d'années. Il semble que l'univers, en naissant, ait tout créé : l'espace et le temps, la matière et la lumière. La température était alors très élevée, et une "soupe" informe et très dense faite d'hydrogène et d'hélium existait déjà.

Des galaxies-grumeaux

Du fait de la chaleur et de la densité*, des réactions thermonucléaires (*voir p. 56-61*) se sont enclenchées, de la matière s'est formée. Des grumeaux sont apparus, sortes de condensations de matière qui ont donné naissance plus tard aux galaxies. À l'intérieur des galaxies, des boules de gaz se sont constituées, annonçant de futures étoiles.

Un mot de trop

C'est l'un des principaux opposants à cette théorie, Fred Hoyle, qui lui attribua, en 1948, le nom de big bang pour s'en moquer. Mal lui en prit, car près de soixante ans plus tard, les astrophysiciens emploient toujours ce terme !

Un univers en forme de pain aux raisins

Imaginons maintenant qu'à ce stade, l'univers soit une espèce de gigantesque pain aux raisins. Les raisins représentent les galaxies, et tout le reste n'est qu'une pâte sans véritable contour. Dans le four, le pain cuit et gonfle ; les raisins sont alors de moins en moins proches les uns des autres. De même, à mesure qu'il grandit, l'univers enfle à la manière de ce pain, et les galaxies, comme les raisins, semblent s'éloigner les unes des autres ; l'espace dans lequel elles sont immergées s'étend en un mouvement qu'on appelle l'expansion de l'univers.

Et après ?

Selon la quantité de matière qu'il contient, l'univers peut continuer de se diluer indéfiniment (théorie dominante aujourd'hui), ou il se rétractera dans un mouvement inverse de celui créé par le big bang : le big crunch !

Lexique

Attraction
Force qui attire vers un objet, une étoile ou une planète, les objets qui passent à proximité. Elle découle de la gravité.

Calotte polaire
Masse de glace ou de neige recouvrant les pôles d'une planète, et évoquant le petit bonnet rond porté par certains responsables religieux.

Cristalliser
Se solidifier en formant des cristaux.

Densité
Rapport entre le volume et la masse d'un matériau. Entre deux objets de même taille, celui composé du matériau le plus dense est aussi le plus lourd ; ainsi, une bille de plomb est plus lourde qu'une bille de verre de même volume.

Dépressurisation
Baisse ou perte de la pression atmosphérique maintenue artificiellement dans un véhicule spatial. Elle peut être volontaire (dans un sas de sortie extravéhiculaire par exemple), ou accidentelle (liée à une fuite d'air vers l'extérieur).

Éphéméride
Calendrier des événements astronomiques.

Ergols
Substances employées pour alimenter un moteur-fusée. Il peut s'agir d'un carburant – comme dans une voiture –, d'un comburant – destiné à fournir l'oxygène nécessaire à la combustion du carburant –, ou d'un composé des deux. Les ergols peuvent être solides, sous forme de pâte, ou liquides.

Gravitation
Phénomène à l'origine de la force d'attraction que deux objets exercent l'un sur l'autre, et qui varie selon la masse de ces objets et la distance qui les sépare.

Joule
Unité de mesure de l'énergie (travail ou chaleur).

Latitude
Distance d'un point du globe à l'équateur ; elle se mesure en degrés, car c'est une distance angulaire. La France, par exemple, se situe à 45 ° de latitude environ.

Microgravité
Gravité très réduite, au moins inférieure au millième de la gravité terrestre, et que l'on rencontre dans les stations et véhicules spatiaux.

Neutrino
Particule élémentaire du noyau d'un atome, de charge électrique nulle et de masse quasiment nulle. Ces particules sont produites par les réactions nucléaires au cœur du Soleil.

Photon
Particule de la lumière, émise par le Soleil et les autres étoiles.

Plasma
Fluide composé de molécules gazeuses, d'ions et d'électrons.

Radiation
Énergie émise sous forme de particule ou de rayonnement, et qui se propage sous la forme d'une onde.

Révolution
Tour complet qu'effectue un astre autour d'un autre. La période de révolution est le temps que met l'astre à effectuer ce parcours (une année pour la Terre autour du Soleil, par exemple).

Rotation
Mouvement d'un astre qui tourne sur lui-même autour d'un axe. Ainsi, la Terre effectue un tour complet en 24 heures environ.

Temps Universel (TU)
Heure de référence internationale. C'est l'heure mesurée sur le méridien de Greenwich, méridien d'origine qui passe par l'ancien observatoire de Greenwich fondé au XVIIe siècle dans les faubourgs de Londres.

Tuyère
"Pot d'échappement" d'un moteur-fusée par lequel sont accélérés les gaz produits dans la chambre à combustion.

Vol parabolique
Vol dont la trajectoire en forme de parabole (de cloche) permet de reproduire quelques dizaines de secondes de micropesanteur dans un avion.

Index

H

I

J

K

L

M

N

O

P

Crédits iconographiques

Les dessins du personnage de Junior ont été réalisés par KILLIWATCH/ Christian Maréchal.

1re de couverture : NASA. **4e de couverture :** © Shutterstock.

p. 3 : Bulloz/RMN. p. 5 : ESA. p. 6-7 : C. Birnbaum/Sa/A. Fujii/Ciel et Espace. p. 8-9 : L. Blondel. p. 10 h : W. Whitehurst/Corbis ; m : D. Hosking/Sunset. p. 11 h : P. Blanchot/Sunset ; b : N. Cattlin/Sunset. p. 12 h : Alaska Stock/Sunset ; b : Alan Schein Photography/Corbis. p. 13 h : F. Lengnick/IMAGESTATE/GHFP ; m (globe) : L. Blondel ; b : World Pictures/Sunset. p. 14 h : L. Cavelier/Sunset ; m : M. Harvey/ Sunset ; b : E. Janes/Sunset. p. 15 h : M. Zwick/Sunset ; mg : R. Sinier ; md : D. Bringard/Sunset ; b : Age Fotostock/Hoa-Qui/GHFP. p. 16 : A. Bonnefoy. p. 17 h : A. Fujii/Sa/Ciel et Espace ; b : J.-L. Dauvergne/Ciel et Espace. p. 18-19 dessins : G. Macé. p. 18 h : P. Bourdis/Ciel et Espace ; b : E. Graeff/Ciel et Espace. p. 19 : C. Lebedinsky/Ciel et Espace. p. 20-21 schémas : R. Sinier ; photos : A. Fujii/Ciel et Espace. p. 22 h : JSC/NASA ; m : NASA ; b : J.-L. Dauvergne/Ciel et Espace. p. 23 hg : USGS/Ciel et Espace ; hd : T. Edelman/Ciel et Espace ; bg : T. Edelman/Ciel et Espace ; bd : NASA/Ciel et Espace. p. 24 m : S. Rondi ; b : R. Sinier. p. 25 h : S. Rondi ; bg : R. Sinier ; bd : J. Lodriguss/Ciel et Espace. p. 26 h : ES/Explorer ; b : AKG-Paris. p. 27 h : E. Karkoschka/NASA ; m : L. Sromovsky, P. Fry/NASA ; b : ESA/NASA. p. 28 : R.-G. Ojéda/RMN. p. 28-29 photo : Ciel et Espace ; dessin : L. Blondel. p. 30 h : P. Parviainen/Ciel et Espace ; b : L. Blondel. p. 31 h : R. Sinier ; m : L. Blondel ; bd : C. Enault. p. 32 : C. Birnbaum/Ciel et Espace. p. 33 h : AKG-Images ; m et b : G. Macé. p. 34-35 cartes : G. Macé ; dessins : S. Telleschi. p. 36 : AKG-Images. p. 37 h : L. Blondel ; b : G. Macé. p. 38 h : Pirozzi/AKG-Images ; b : B. & S. Fletcher/Ciel et Espace. p. 39 hg : L. Blondel ; md : Ciel et Espace. p. 40 h : AKG-Images ; b : F. Gohier/Explorer. p. 41 h : R. Royer/SPL/Cosmos ; b : G. Macé. p. 42-43 : B. Allen/Corbis. p. 44 : Timmermann/Sunset ; hd : Bulloz/RMN. p. 45 hg : Bettmann/Corbis ; hd : P. Blanchot/Sunset. p. 46 md : J. Blair/Corbis ; bg : R. Ressmeyer/Corbis. p. 47 hg : M. Darden/Corbis Sygma ; md : R. Ressmeyer/Corbis ; bg : DR. p. 48-49 : ESO/Ciel et Espace ; détail p. 48 : ESO/Ciel et Espace. p. 50-51 : NASA ; schéma : Studio EDI – S. Di Meo/F. d'Ottavi ; détails hd : NASA ; bg et bd : Observatoire du Pic du Midi de Bigorre. p. 52 : Kulyk Mehau/S.P.L. p. 53 hd : A. Fujii/Ciel et Espace ; bg : R. Sinier. p. 54 : J. Riffle/Astro Works/Ciel et Espace. p. 55 hd : R. Sinier ; mg : S. Brunier/Ciel et Espace ; bd : NASA. p. 56 hd et md : L. Favreau ; g et bd : S. Telleschi. p. 57 hd et mg : L. Favreau ; hg et md : S. Telleschi ; bd : Hubble Space Telescope/NASA. p. 58 md : S. Telleschi ; bg : A. Fujii/Ciel et Espace. p. 59 hd : S. Telleschi ; bg : NOAO/AURA/NSF/Ciel et Espace. p. 60 hg et md : L. Favreau ; mg et bd : S. Talleschi. p. 61 hg : S. Talleschi ; bd : L. Favreau. p. 62 : NASA. p. 63 hg et mg : NASA ; d : L. Favreau. p. 64 hg et bg : NASA ; md : S. Telleschi. p. 65 hg : NASA ; d : L. Favreau. p. 66-67 : ESA/CNES/ ARIANESPACE/Ciel et Espace. p. 68 hd , md et mg : ESA/CNES/ ARIANESPACE ; bg : CNES. p. 69 hg : D. Ducros/CNES ; hd : ESA/CNES/ARIANESPACE ; md : ESA ; bg : D. Ducros/ESA. p. 70-71 : Coredoc ; p. 71 hd : Meteosat-9/Eumetsat. p. 72 hg et bd : AKG-Images. p. 73 hd : AKG-Images ; mg : P. Gleize/REA. p. 74 hg : O. Prevosto/Photo & Co./Corbis ; md : Coredoc ; bg : NASA. p. 75 hd : AOES Medialab/ESA ; bg : J.-L. Guérin . p. 76 hd : GRC/NASA ; mg : J.-L. Guérin ; bg : C. Karnow/Corbis ; bd : MSFC/NASA. p. 77 hd : MSFC/NASA ; mg : R.Sinier ; bg : AKG-Images. p. 78 hd : Rykoff Collection/Corbis ; mg : AKG-Images ; bd : Rex Features/SIPA. p. 79 : RIA-NOVOSTI. p. 80-81 : L. Favreau. p 82-83 : J.-L. Guérin. p. 82 mg : ES&IA/JSC/NASA ; mm : J. Huart/ESA ; mb : AP/SIPA ; bd : D. Bandic/AP/SIPA. p. 83 hd : Chine Nouvelle/SIPA ; m : Press Trust of Inida/AP/SIPA. p. 84-85 : Coredoc . p. 86 : ESA. p. 87 hd et mg : SIPA ; md : Spot Images ; bg : ESA. p. 88-89 : L. Favreau ; détail : J.-L. Guérin. p. 90 : Eumetsat. p. 91 hd : AOES Medialab/ESA ; b : CNES. p. 92 hg : Strauss/Curtis/Corbis ; md : Bettmann/Corbis ; bg : Coredoc. p. 93 hg : MSFC/NASA ; md : Bachmann/SIPA. p. 94 mg et bd : J.-L. Guérin ; mm : G. Soury/Sunset ; bm : NOAA/Ciel et Espace. p. 95 hd, mg et bd : J.-L. Guérin ; mhd : J. de Meester/Sunset ; mm : Japack/Sunset ; bm : P. Sebirot/ESA. p. 96 hg : S. Telleschi ; md : AP/SIPA. p. 97 hd : M. Euler/AP/SIPA ; bg et bd : AP/SIPA. p. 98 : Spacechannel/Ciel et espace. p. 99 h : Ciel et Espace ; bg : C. Nébulault. p. 100-101 : JSC/NASA. p. 102 h : AKG-images ; b : collection ROGER-VIOLET. p. 103 : NASA/SPL/Cosmos. p. 104 h : AKG-images ; m : CNES/ESA. p. 105 h : CNES/ESA ; b : P. Dumas/EURELIOS. p. 106 : Bettmann/Corbis. p. 107 : HQ-GRIN/NASA. p. 108 h, mg et md : HQ-GRIN/NASA ; b : JSC/NASA. p. 109 : HQ-GRIN/NASA. p. 110 h : JSC/NASA ; b : NASA. p. 111 h : JSC/NASA ; b : HQ-GRIN/NASA. p. 112-113 : L. Favreau. p. 114 h et b : NASA ; m : JSC/NASA. p. 115 : JSC/NASA. p. 116 : NASA/Ciel et Espace. p. 117 : NASA. p. 118-119 : NASA. p. 120 : HQ/NASA. p. 121 : JSC/NASA. p. 122 h : NASA ; b : D. Ducros/CNES. p. 123 : HQ-GRIN/NASA. p. 124-125 : O. Fertel. p. 126-127 : C. Butler/SPL/Cosmos ; p. 127 h : B. Simon/Sunset. p. 128 : P. Essick/Aurora/Cosmos. p. 129 h : D. Van Ravenswaay/SPL/Cosmos ; m : NASA/Ciel et Espace. p. 130 : MSFC/NASA. p. 131 h : M. Garlick/SPL/Cosmos ; b : V. Habbick/SPL/Cosmos. p. 132-133 : D. Ducros/ESA/Ciel et Espace. p. 134 hd : KSC/NASA ; b : S. Telleschi. p. 135 hg : S. Telleschi ; md : JPL/NASA ; b : R. Sinier. p. 136-137 : Studio EDI – S. Di Meo/F. d'Ottavi. p. 138 : JPL/NASA, détail : Medialab/ESA. p. 139 hd et md : JPL/NASA ; bd : GSFC/NASA. p. 140 hg : ESA ; hd et md : Animals-Animals/Sunset ; bg : Rex Interstock/Sunset. p. 141 h : Ciel et Espace/NASA ; mg : JPL/NASA ; bd : NASA. p. 142 md : USGS/NASA ; bd : JPL/NASA. p. 143 hd : JPL/NASA , détail : Malin Space Science Systems/JPL/NASA ; bg : NASA. p. 144 mg : J.-L. Guérin ; md et bd : JPL/NASA. p. 145 h : Cornell/JPL-Caltech/NASA ; mg : JPL/NASA ; md : Cornell/JPL-Caltech/NASA. p. 146 hd : R. Sinier ; mg : JPL/NASA ; bd : D. Prix/Sunset. p. 147 hd : NASA ; md : JPL/NASA. p. 148 hg : R. Sinier ; bd : HQ-GRIN/NASA ; détail : JPL/NASA. p. 149 hd : JPL/NASA ; mg : JSC/NASA. p. 150 hd : JPL/NASA ; md : University of Arizona/JPL/NASA/ESA ; bg : Studio EDI – S. Di Meo/F. d'Ottavi. p. 151 hd : GSFC/NASA ; md : R. Sinier ; mg et bg : JPL/NASA. p. 152 : JPL/NASA. p. 153 h, bg et bd : JPL/NASA. p. 154-155 : W. K. Hartmann/Ciel et Espace ; photos p. 155 : JPL/NASA. p. 156 md : Dr. A. Albrecht, ESA/ESO/NASA ; bg : NASA. p. 157 hd : JPL-Caltech/NASA ; bg : NASA. p. 158 mg : J.-L. Guérin ; hd : ESA/Ciel et Espace. p. 158-159 : J. Lodriguss/Ciel et Espace. p. 159 hd : AOES Medialab/ESA ; md : UMD/JPL/NASA. p. 160 : JPL/NASA. p. 161 mh : University of Arizona/JLP/NASA ; hd : JPL/NASA ; mhd : K. Su/Sunset ; mbd : MSSS/JPL/NASA ; mg et bd : JPL/NASA. p. 162-163 : Studio EDI – S. Di Meo/F. d'Ottavi. p. 164 hg : RDA/Rue des Archives. p. 164-165 : JPL-Caltech/NASA. p. 166-167 : ESA/ The Hubble Heritage Team (STScI/AURA)/NASA. p. 168 h : S. Numazawa/Ciel et Espace ; b : E. Lessing/AKG-images. p. 169 : O. Fertel. p. 170 : S. Telleschi. p. 171 h : ESA/D. Ducros/Ciel et Espace ; b : ESA/Ciel et Espace. p. 172-173 : O. Fertel. p. 174 h : R. Gendler/NASA ; b : S. Beckwith/ESA/The Hubble Heritage Team (STScI/AURA)/NASA. p. 175 hg : ESA/The Hubble Heritage Team (STScI/AURA)/NASA ; hd : The Hubble Heritage Team (STScI/AURA)/NASA ; bg : A. Nota (STScI)/ESA/NASA ; bd : B. Whitmore (STScI)/NASA. p. 176-177 : O. Fertel. p. 178 : G. Bacon (STScI)/NASA. p. 179 h : A. Feild (STScI)/ESA/NASA ; b : JPL-Caltech/R. Kennicutt (University of Arizona) and the SINGS Team/NASA. p. 180-181 : B. Mobasher (STScI)/S. Beckwith and the HUDF Team (STScI)/NASA.

Dans la même collection

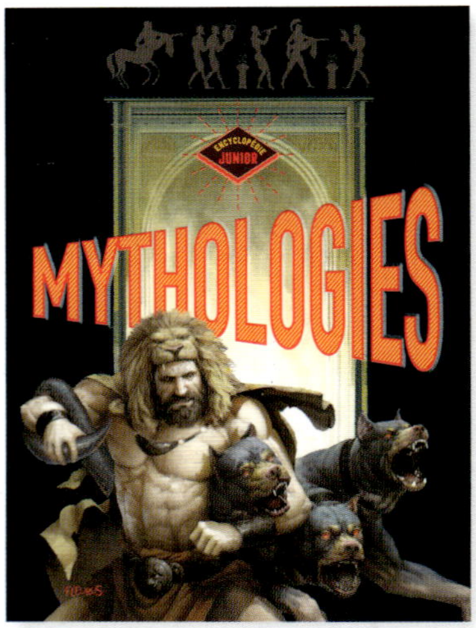